자전거로
세상을
건너는 법

메콩강 따라 2,850km 여자 혼자 떠난 자전거 여행

자전거로
세상을
건너는 법

글·사진 이민영

이랑
BOOKS

•일러두기

- 이 책에 나오는 사람들은 사생활 보호를 위해 경우에 따라서는 가명을 썼습니다.
- 이 책에 나오는 외국어 표기는 현지인들의 발음에 가장 가깝게 따라 적은《론리 플래닛Lonely Planet》한글판을 참고했습니다.

차례

여는 글

여행을 떠나기 시작한 건 스무 살 때부터였다. 대학 시절에는
휴학과 방학 기간을 이용해서, 직장인 시절에는 자주 사표를 내
고 세상을 돌아다녔다. 하지만 서른이 되자 나는 더 이상 배낭여
행 초기에 받았던 신선한 문화 충격이나 자유로움을 느낄 수 없
었다. 스쿠버다이빙에 빠져서 8개월간 세상의 바닷속을 탐험하
기도 했고, 여행인솔자로 살며 4년간 약 60개국을 돌아다니기도
했다. 그러나 세계 곳곳을 돌아다니면 다닐수록 내게는 허기와
갈증이 심해졌다. 지금보다 느린 속도로, 여유를 느끼며, 인간에
대해 더 깊이 알 수 있는 방법은 없을까. 세상의 속도가 아니라
나만의 속도로 움직일 수 있는 곳은 없을까. 내 마음을 바닥까지
들여다볼 수 있는 곳에 가서 그곳에서 만난 사람들과 마음으로
소통하고 싶은 마음이 점점 절실해졌다.

2008년 9월, 나는 스페인의 까미노 데 산티아고Camino de Santiago
로 도보 여행을 떠났다. 2개월간 1,000킬로미터의 장정. 까미노
에서는 흥미로운 사람들과 경이로운 자연을 만날 수 있었지만 아

쉬움도 많이 남았다. 하루 이동거리인 20~30킬로미터마다 숙소가 있고, 곳곳에 식당이 있으며, 상대적으로 생활에 여유가 있는 서양인들이 많이 오는 곳이라서인지 인생의 한 단면만 살펴본 기분이 들었던 것이다.

그즈음 집 앞에 자전거숍이 생겼는데 재미 삼아 드나들다가 자전거 동호회 사람들과도 조금씩 어울리기 시작했다. 그러면서 자전거 여행의 싹을 틔우게 되었다. 자전거와 함께라면, 등이나 발바닥에 무리 없이, 적당한 양의 짐을 지닌 채 길이 있는 모든 곳에 갈 수 있지 않은가. 나만의 속도로, 느리고 자유롭게 즐길 수 있는 최적의 여행이 자전거 여행이라는 생각이 들자 나는 곧 실천에 옮기기로 했다. 여행지는 한순간의 망설임도 없이 골랐다. 자전거 여행의 묘미를 듬뿍 느낄 수 있으면서도 여자 혼자 떠나도 위험하지 않을 곳을 생각하자 제일 먼저 메콩강이 떠올랐다. 메콩강은 라오스, 태국, 캄보디아, 베트남 4개국을 가로지르며 흐르는 동남아의 어머니와 같은 강이다. 그 좌우로 세상 어느 곳보다 부드럽고 친절한 사람들, 풍요로운 자연이 있다는 것을 나는 이미 알고 있었기에 망설임이 없었다.

여행은 강의 상류인 태국의 치앙마이에서 시작해 하류를 따라가기로 했다. 평지인 메콩강 하류에서부터 시작하면 체력이 좋아져 마지막 코스인 라오스의 험한 산악지대를 쉽게 넘을 수 있을

지도 모르지만, 나는 물줄기를 거슬러 올라가지 않고 상류에서부터 순리대로 흐르는 체험을 하고 싶었다. 치앙마이는 여행인솔자 시절 몇 번 다녀간 적이 있는 곳이라 낯설지 않았다.

여행을 함께할 자전거도 쉽게 골랐다. 유럽에 살았더라면 여행 전문 자전거인 투어링 바이크를 사갔겠지만, 자전거 여행 문화가 아직 대중화되지 않은 한국에서는 구하기 어려운 물건이었다. 길이 험한 곳으로 가는 사람들은 산악용 자전거인 MTB 중에서도 크로스컨트리용인 XC를 개조하고, 유럽처럼 길이 좋은 곳으로 가는 사람들은 하이브리드 자전거를 개조하는데, 나는 비포장길이 많은 라오스의 험악한 산악지대를 다녀야 하기 때문에 XC를 가져가기로 했다. 생각을 정하자마자 즉시 자전거숍으로 갔다. 가을에 사놓고 거의 타지 않았던 독일제 고스트GHOST 자전거에 속도계와 팔저림 방지용 핸들바를 부착했고, 까미노에서 돌아오는 길에 프랑스의 자전거 대형매장에서 사온 자전거 여행 전용 가방을 창고에서 꺼내 먼지를 털었다.

다소 무모하게 시작했지만, 60일간 2,850킬로미터의 메콩강 자전거 여행은 생각보다 어렵지 않았다. 가이드북 1권만 있으면 먹고 잘 수 있는 저렴한 장소를 쉽게 찾을 수 있었고, 동료 여행자들의 도움도 받을 수 있었다. 현지인에게 초대받는 일도 자주 있었다. 힘들면 그 자리에서 버스를 타거나 히치하이크를 하면 그만이었다. 나는 루트도 정하지 않고 제대로 된 지도도 갖고 있지 않았다. 시운전을 해본 적도, 자전거 펑크도 때워본 적이 없었지만 별 문제가 되지 않았다. 한국에서는 자전거를 하루 70킬로미터 이상 타본 적이 없었지만, 메콩강에서는 1개월쯤 지나니 하루 110킬로미터 이상의 산길을 달릴 수 있는 짐승급 라이더로 체력도 업그레이드되었다. 비포장길을 그리 많이 달렸는데도 3,000킬로미터 가까운 구간 동안 펑크는 딱 1번뿐, 어떠한 고장도 없었다.

나는 처음부터 한 나라를 종단, 정복한다든지 나를 '극기'하겠다는 거창한 목표는 갖지 않았다. 순간순간 자전거 타는 것이 즐거웠을 뿐이다. 경치 좋고 인심 후한 곳을 자전거로 달리는 것이 행복했고, 비용과 시간에 얽매이지 않고 내 마음대로 움직이면서 마음과 몸의 건강까지 챙길 수 있는 것이 좋았다. 자전거를 타고 다니는 여행자에게는 현지인이든 외국인이든 모두 쉽게 마음을 열고 먼저 말을 걸어온다는 점도 좋았다. 머릿속을 어지럽히던 생각에서 잠시 벗어나 페달을 밟는 것에만 집중할 수 있으니 즐거웠다.

유유히 흘러가는 메콩강에 내 마음을 비추어보면서, 흐르는 강물처럼 페달을 밟던 그 순간의 충만함이 떠올라 지금 다시 내 마음은 뛰기 시작한다.

1부

태국　치앙마이Chiang Mai　치앙라이Chiang Rai　치앙센Chiang Saen　치앙콩Chiang Khong

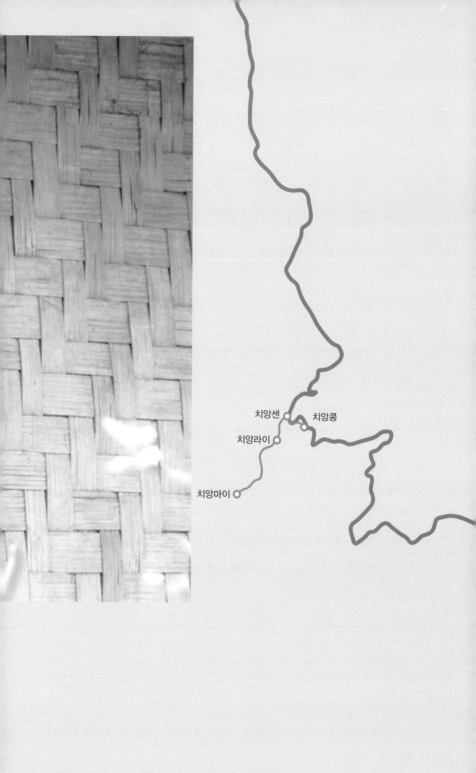

치앙센

치앙콩

치앙라이

치앙마이

느린 마음으로
길을 나서다

첫 여행지인 치앙마이Chiang Mai에 도착한 첫날부터 일이 꼬이기 시작했다. 자전거 여행에 대한 열정만 앞섰을 뿐, 준비는 턱없이 부족했던 탓이다.

한국에서 싣고 간 자전거를 혼자 조립하기 시작했는데, 마음처럼 쉽지 않았다. 본체에 앞바퀴를 끼운 것까지는 괜찮았는데, 스템과 핸들바를 끼우다가 한꺼번에 손에서 놓치고 다시 끼우길 십여 분. 이리저리 끼우고 나사를 돌리니 다른 건 얼추 맞아 들어갔는데 페달이 꿈쩍도 하지 않았다. 한국에서 배울 때 뒷짐 지고 구경만 해서인지 아무것도 생각나지 않았다. 설상가상 왼쪽 브레이크도 말을 듣지 않았다.

숙소 매니저에게 자전거숍이 근처에 있느냐고 물었더니, 큰길 왼쪽으로 200미터만 가면 있지만 6시면 문을 닫는다고 했다. 급한 마음에 페달과 공구를 한 손에 들고, 다른 한 손으로는 페달 없는 자전거를 밀며 길을 나섰다. 하지만 한참을 가도 찾을 수가 없었다. 마침 자전거를 타고 가는 현지인 청년이 보여 반갑게 말을 걸었지만, 영어를 듣고 당황한 표정을 짓더니 못 들은 척하며 도망가 버리는 게 아닌가. 걸어가던 금발 여인에게 근처에서 자전거숍을 본 적이 있느냐고 물었지만 모른다고 고개를 저었다. 잠시 후 오토바이에서 내리는 남자에게 물었더니, 앞에 있는 간판에서 우회전해서 200미터 직진하면 왼쪽에 '재키스 바이크'란 숍이 나온다고 알려주었다.

그가 시킨 대로 가보니 자전거숍이 있었다. 점원으로 보이는 청년은 자전거를 타다가 오른팔이 부러져 깁스를 하고 있었는데 그 와중에도 왼손으로 능숙하게 페달을 끼우고, 브레이크를 손봐주고, 타이어에 공기까지 넣어주었다. 얼마를 내야 하느냐고 묻자 필요 없다며 극구 사양했다. 첫날부터 도움을 톡톡히 받았다.

다음 날 아침, 나는 치앙마이 구시가지로 숙소를 옮기기로 했다. 여행용 가방을 자전거에 부착한 뒤, 사장님의 격려를 받으며 출발했는데, 뒤에서 보고 있던 사장님이 갑자기 소리를 질렀다. 가방이 툭 떨어진 것이다. 모든 고통은 게으름과 무사안일에 대한 인과응보이리라. 다리가 후들거리고, 자전거 전체가 휘청거리는 듯했다. 이런 상태로 정말 메콩강 일주가 가능하긴 한 걸까?

치앙마이 시내 주행도 생각보다 어려웠다. 지도를 곁눈질하며 페달을 밟는 것도 어려운데 우리나라와는 달리 차가 좌측통행을 하는데다가, 나보다 빨리 달리는 오토바이들을 피해 요령껏 유턴에 우회전까지 하는 일이 힘에 부쳤다. 자전거 가방에도 자꾸 발뒤꿈치가 닿았다. 가방을 좀더 뒤에 놓았어야 하는데 세심하게 챙기지 못한 것이다. 내일은 꼭 그렇게 하자고 마음먹은 순간, 드르륵거리는 소리에 가슴이 덜컥 내려앉았다. 자전거를 세우고 살펴보니 늘어진 자전거 가방 끈이 뒷바퀴에 닿아서 들리는 소리였다.

구시가지까지 겨우 이동하여 숙소를 정한 뒤, 나는 짐만 방에 놓아두고 다시 길을 나섰다. 어제 자전거를 고치는 도중 잃어버린 펌프를 찾기 위해서였다. 자전거숍에 가서 내가 펌프를 놓고 가지 않았느냐고 물어봤지만 모른다고 했다. 한 번도 사용하지 않은 새 펌프를 이곳까지 들고 와서 잃어버린 것이 허무했지만, 대도시에서 알아차린 게 다행이라면 다행이었다. 시골에서 펌프를 잃어버렸다면 버스를 타고 대도시까지 나왔어야 할지도 모르는 일이니 말이다.

펌프를 고르는데, 갑자기 어떤 아저씨가 나타나 내 말을 태국어로 통역해주었다. 태국의 모 대학 강사라고 하는데 영어를 잘 했다.

한때 골든 트라이앵글은 전 세계에 마약을 공급하던 마약왕 쿤사의 본거지였지만, 지금은 곳곳에 황금 부처님, 황금 코끼리 조각상이 서 있는 화려한 관광지로 변신하고 있는 중이다

그에게 태국 북부 라이딩 루트를 물어보았다. 나는 부끄럽지만 제대로 된 지도 1장 갖고 있지 않았다. 출발 전 자전거숍 실장님께 부탁해서 짐받이를 달고, 자전거를 포장하고, 인터넷 동호회의 여행기를 몇 개 훑어보며 분위기를 파악한 뒤, 도서관에 가서 동남아지도를 복사해온 게 실질적인 준비의 전부였다. 그 지도도 비행기안에서 처음으로 유심히 보았는데, 치앙마이에서 라오스 국경까지가는 도로가 3개라는 사실도 그때 알았다.

지도의 색깔 변화를 보니 워낙 험악한 산악지대라 어떤 길로 가도 어려울 것 같았다. 도로 사정은 물론, 중간에 쉴 만한 숙소가있는지, 식당이 있는지도 알 수 없었다. 인터넷을 뒤지는 것도 귀찮아서, 누가 알려주겠지라는 막연한 희망으로 미루다 보니 출발날짜가 되어버렸다. 그동안 수많은 곳을 여행하며 항상 운좋게, 적절한 타이밍에 적절한 길잡이들을 만나다 보니 '어찌 됐든 누가 나타나서 도와줄 것'이라는 이상한 믿음이 생긴 탓도 있었다.

"치앙마이에서 라오스 훼이싸이Huay Xay 국경까지 자전거를 타고갈 만한 길은 어디인가요?"

우리 얘기를 듣고 있던 아저씨 한 분이 끼어들었다. 온몸이 탄탄한 근육으로 덮인 그는 현지 경찰인데, 알고 보니 자전거 동호회사람들과 함께 치앙라이까지 180킬로미터를 하루 코스로 다니는, 그야말로 산짐승급 라이더였다.

이 아저씨 말에 의하면, 언덕 하나만 넘으면 치앙라이Chiang Rai
가 나올 것이며, 가는 도중에 온천장이며 호텔도 여럿 있고 사람
사는 동네도 있으니 문제 될 것이 전혀 없다고 했다. 하지만 15킬
로그램에 육박하는 짐을 실은 내 산악자전거로는 하루 종일 간다
고 해도 산길 180킬로미터는 불가능할 것 같았다.

이런저런 이야기를 나누며 분위기가 화기애애해지자, 아저씨들
이 나에게 어디서 왔느냐고 물었다. 한국에서 왔다고 하니까 태국
사람들은 드라마 〈대장금〉을 무척 좋아한다며 눈을 반짝였다. 하
지만 메콩강 일주를 하겠다는 내 계획을 듣더니, 그 먼 길을 갈 수
있겠느냐며 고개를 저었다.

"절대 갓길로 다니면 안 돼! 차선을 삼분의 일은 차지하고 달
려야 자동차들이 널 갓길로 밀어내고 질주하는 것을 막을 수 있
단 말이야. 자전거는 항상 눈에서 떼지 말고 자물쇠를 채워두도록
해, 알았지?"

오후에는 서점을 돌아다니며 태국 지도 1장과 동남아 전도 1장
을 샀다. 약국에서 근육통 스프레이도 샀다. 출발 전에 만난 동호
회 회원이 사나운 개나 미친 사람이 쫓아오면 이걸 꺼내 눈에 뿌
리라고 했던 충고가 생각나서였다. 하지만 과연 이걸 제때 꺼내 쓸
수 있을까? 어젯밤 숙소에서 만났던 한국인 여대생의 이야기가 불
현듯 떠올랐다.

"이상한 사람들은 볼펜으로 눈알을 찌르는 게 최고죠! 옷핀도 좋아요! 인도의 밤 버스에서 누가 제 몸을 더듬을 때마다 옷핀으로 조용히 찔러줬는데, 효과가 참 좋더라구요."

그날은 치앙마이 구시가지를 자전거로 돌며 절 대여섯 군데를 방문하는 것으로 일정을 마치기로 했다. 어둠이 내리자 고즈넉한 골목 사이로 예불 소리가 은은히 울려퍼졌다. 마지막 절 앞마당에서 예불 소리를 들으며 이번 여행이 무사히 끝날 수 있기를 기원했다.

야자 할머니와
일본인 인류학자

여행을 시작하는 첫날. 날이 더워지기 전에 길을 나서는 게 좋을 것 같아 5시 반에 일어나 짐을 챙겼다. 6시 반, 떠나기 전 습관처럼 문 앞에서 복대를 열어보다가 갑자기 눈앞이 캄캄해졌다. 대체 여권이 어디로 갔지? 며칠간 복대가 가볍고 단출하다고 생각했지만 여권이 없어진 것은 알아차리지 못했다. 태국에 도착한 첫날, 트레킹을 가면서 여권을 여행사에 맡기고는 찾는 걸 까맣게 잊은 것이다.

전날 묵었던 숙소로 미친 듯이 달렸다. 처음 이 길을 달릴 때는 1시간도 더 걸렸는데, 마음이 급한 탓인지 13분 만에 도착했다. 어제는 자전거가 엄청나게 휘청거렸는데, 오늘은 무게를 거의 의식

할 수 없었다. 무사히 여권을 돌려받고 드디어 출발!

치앙마이를 둘러싼 해자를 빠져나가는 길을 돌고 돌아 동쪽 도로로 강을 건넜다. 다리 위에서 내 자전거는 좁은 이륜차길을 독차지했지만, 뒤에 줄지어 선 오토바이들이 짜증을 내기는커녕 천천히 가라고 기다려주었다. 미안한 표정으로 돌아보니, 심지어 미소까지 지으며 천천히 가라고 손짓까지 했다. 덕분에 무사히 고속도로로 진입했다.

치앙마이 외곽순환도로를 벗어나니 길이 한산해졌다. 도로 표면도 좋고, 양옆으로 나무도 예쁘게 늘어서 있었다. 자전거와 오토바이는 왼쪽으로 달리라는 표지판과 함께 이륜차 전용차선까지 있었다. 속도계를 보니 시속 30킬로미터를 오르락내리락했다. 내 몸도, 도로도, 날씨도, 자전거도 모두 컨디션이 좋아 신이 났다.

1시간쯤 달리니 왼쪽에 야자를 파는 소박한 가게가 나타났다. 5바트짜리 야자를 하나 시키자, 할머니가 내게 일본인이냐고 물었다. 태국어로 뭘 자꾸 물어보는데, 언어는 통하지 않더라도 대충 말이 통했다.

"어디 가?"

"치앙라이요."

"그 먼 곳을? 이 자전거로? 게다가 혼자 가?"

"네."

치앙마이-치앙라이 구간은 끝없는 오르막길과 내리막길의 연속이다. 하지만 겁낼 필요는 없다. 썽떼우를 잡아타도 되고, 친절한 현지인들에게 히치하이크를 부탁할 수도 있다. 일단 출발하는 것이 중요하다

"둘이라면 몰라도 혼자는 위험해!"

내가 웃기만 하니까 할머니가 안타깝다는 표정을 짓더니, 사탕한 움큼과 작은 야자열매 하나, 빨대를 챙겨주었다.

"치앙라이는 아주 멀어! 해 지기 전에 가! 조심해야 해, 응!"

태국어는 몰랐지만 할머니의 마음은 그대로 와닿았다. 10분쯤 쉬고 화장실도 다녀온 뒤 선글라스를 쓰고 출발했다. 햇볕이 점점 강해졌다.

갑자기 오르막 산길이 시작되었는데, 청평 가는 길과 비슷했다. 오르막길은 기어를 1단에 놓고 천천히 오르고, 내리막길에서는 시속 60킬로미터까지 속도를 냈다. 그러나 기쁨도 잠시, 신나게 달리려는 순간, 자전거에 고정해둔 4관절 자물쇠가 뒤로 휙 날아갔다. 급히 브레이크를 잡고 자전거를 눕힌 뒤 뛰어가서 주워왔다. 어찌 이리 제대로 된 것이 하나도 없담.

아침에 빵만 먹었는데 앞으로도 계속 이렇게 산길이면 어떡하나 하고 걱정할 무렵 오른쪽에 작은 가게가 나타났다. 마당에 주차하고 물을 2병 산 뒤, 초콜릿을 몇 개 까먹었다. 길은 오르막 내리막이 심해졌다. 30분 쉰 후 70분을 달리니 온천과 게스트하우스 마을도 두어 군데 보였다. 텐트만 있다면 캠핑하기 좋은, 아름다운 개울과 예쁜 의자가 있는 쉼터도 많았다.

게스트하우스가 보일 때 묵어야 하는 것이 아닐까. 이 산길에서 앞으로 잘 만한 곳이 나온다는 보장도 없지 않은가. 하루 호사를 누리며 쉬자는 마음과 3시까지는 달려보자는 마음이 싸우다, 결국 좀더 달려보자는 쪽으로 마음을 정했다. 그러나 금세 지쳐서 어느 리조트 입구의 잔디밭에서 페달을 멈추었다. 30분을 쉰 뒤 30분을 달리자 또 배가 고팠다. 마침 언덕 위에 쌀국수를 파는 가게가 보였다. 그래, 먹을 게 눈에 보일 때 먹자! 가게에 들어가서 동네 할아버지들과 손짓 발짓으로 수다를 떨며 쌀국수와 계란덮

밥, 커피까지 배부르게 먹고 마셨다.

다시 출발하니 오르막 내리막이 더욱 험난하게 반복되었다. 무심결에 뒤를 돌아보니 '치앙마이 56킬로미터'라는 표지판이 보였다. 이렇게 열심히 달렸는데 겨우 56킬로미터라고? 몰랐으면 더 갈 수도 있었겠지만, 순식간에 기운이 **빠**졌다. 히치하이크를 할 시간이 된 것이다.

다행히도 픽업트럭들이 많이 지나다녔다. 큰 언덕이 올려다 보이는 그늘에서 엄지손가락을 들어올렸다. 평생 첫 히치하이크라 수줍게 시작했는데 자동차 몇 대가 그냥 스쳐 지나가니 마음이 절박해졌다. 그래, 마스크 때문에 산적처럼 보였을지도 모른다. 하지만 마스크를 벗었는데도 몇 대가 그냥 지나갔다. 내가 청소부처럼 보이는 건가? 주황색 안전 조끼도 벗었다. 그래도 또 몇 대가 그냥 지나갔다. 참, 외국인이고 여자라는 걸 알려주는 게 더 좋겠지? 선글라스를 벗고, 헬멧과 모자도 벗자마자 그 즉시 차가 섰다. 역시 외모가 먹히는 건가? 하지만 그 차는 합승 썽떼우(미니버스)였다. 영업용이라서 세워준 것이다.

"치앙라이?"라고 물었더니, 선글라스를 낀 기사 아저씨가 나를 몇 초간 유심히 뜯어보다가 마침내 타라고 했다. 미친 여자는 아닌지, 돈을 낼 만한 사람인지 판단한 듯했다. 아저씨는 자전거를 지붕 위로 올린 뒤, 기어변속기가 있는 오른쪽으로 눕혔다. 앗, 자전거를 오른쪽으로 눕히면 안 된다고 했는데! 지붕 위에서 위태롭게 쭈그리고 앉아 자전거가 들어갈 자리를 잡고 있는 아저씨를 보니 그 말이 차마 나오지 않았다. 하지만 자전거를 묶어야 내리막길에서 튕겨져 나가는 걸 막을 수 있지 않을까? 아저씨에게 '날아가지 않을까요?' 하고 손짓하니 괜찮다며 고개를 휘저었다. 나는 또 소심하게 아무 말도 못하고 자리에 앉았다.

차창 밖으로 펼쳐지는 무지막지한 오르막길을 보며 나는 안도의 한숨을 수없이 내쉬었다. 역시 이 길은 인간이 자전거로 올라갈 수 있는 길이 아니다! 여기서 멈추길 잘했다 싶었다. 1시간가량 달렸을 무렵, 계절에 안 맞는 두꺼운 점퍼를 입고 앞자리에 앉아서 바깥만 바라보던 아저씨가 갑자기 내 옆으로 오더니 한국어로, 그것도 또렷한 발음과 정확한 문법을 갖춘 채 말하기 시작했다.

"이 미니버스는 치앙라이로 가지 않습니다. 비앙 파파오까지 갑니다. 거기서 갈아타야 합니다. 저도 비앙 파파오까지 가니까, 내려서 알려드리겠습니다."

"한국말을 할 줄 아세요?"

"조금 공부했습니다."

아저씨는 할 말만 하더니 또 무표정하게 앞만 바라보았다. 얼굴은 중국계처럼 보이는데, 무얼 하는 사람일까? 잠시 후 아저씨와 나는 비앙 파파오에서 내렸다. 치앙라이까지 가는 차를 기다리며 아저씨와 말을 나누었다. 이 아저씨는 일본인인데, 대학 때 룸메이트가 한국인이어서 한국어를 배우게 됐다고 했다.

"그런데 여기서 뭐 하세요?"

"고산족 연구하러 왔습니다."

그는 교토대의 K교수였다. 자전거를 몰고 지나가다 고산족을 연구하는 인류학자를 만나지는 않을까 상상의 나래를 펼친 적이 있지만 첫날부터 인류학자를 대면하게 되다니, 믿을 수가 없었다.

K교수는 대학원 시절부터 이 근처의 라후족 마을에서 정치와 종교를 연구해왔으며, 거기서 3년간 살았다고 했다. 그는 지나가는 사람들을 보고 라후족인지 아닌지를 바로 맞힐 정도로 이곳 사정에 정통했다. 게다가 일본어, 영어, 한국어, 태국어, 라후어를 모두 수준급으로 듣고 말하며, 심지어 읽고 쓰기까지 가능하다고 했다. 라후어는 고유 문자가 없어 알파벳으로 기록하는데, 문법적으로 한국어, 일본어와 같다고 했다. 점점 호기심이 생겼다. 이런 베테랑 인류학자가 현지조사를 하는 걸 봐두면 얼마나 좋겠는가. 이런 운을 놓칠 수야 없지. 현지조사를 따라가고 싶다고 부탁했더니 그는 대답이 없었다. 역시 곤란한 것 같았다.

K교수와 이야기를 나누며 1시간을 기다렸지만 갈아탈 버스가 오지 않았다. 그는 라후족 친구의 트럭을 타고 가야겠다며 어디론가 전화를 했다. 곧 어떤 청년이 나타나더니, 나를 치앙라이 근처

까지 태워주겠다고 했다. 트럭에 가방과 자전거까지 다 실었는데, 트럭이 워낙 작고 짐이 많아 사람 2명이 탈 수 있으려나 의심하는 찰나, 버스가 나타났다. 자전거를 다시 내려서 타고 갈 버스에 옮겨 실었다. K교수는 그냥 그 트럭을 타고 가도 되는데, 굳이 나와 함께 버스에 올라탔다. 그러고는 내릴 때가 되자 말했다.

"마을에 같이 갈까 생각했는데, 자전거 때문에 안되겠습니다. 험한 산길을 한참 걸어가야 하거든요."

그는 한국에 돌아가면 영어, 일어, 한국어 다 괜찮으니까 어느 언어로든 자신에게 연락하라고 당부했다.

버스는 어두운 저녁에 치앙라이 터미널에 도착했고, 나는 K교수가 추천한 숙소에 짐을 풀었다. 어젯밤까지만 해도 과연 길을 제대로 찾을 수 있을지, 이 저질 체력으로 험한 산을 넘는 여정이 가능하기는 한 건지 의심스러웠는데, 파란만장한 과정을 거쳐 무사히 하루를 마칠 수 있었다. 게다가 내가 공부할 학문의 대선배까지 만났으니 운좋은 시작 아닌가.

깔끔하고 저렴한 숙소에서 기쁜 마음으로 잠들려는데, K교수의 한 마디가 자꾸 귓가에 맴돌았다.

"처음 봤을 때 자전거가 보여서 일본인인가 생각하기도 했습니다만…… 일본 여자는 혼자 여행하지 않습니다."

사실 그건 한국 여자도 마찬가지다. 어느 나라에서도 '정상적인'

여자는 이렇게 혼자 여행하지 않는다. 그렇다면 나는 과연 비정상인가? 사회에서 일탈한 사람일까?

유명한 인류학자 루스 베네딕트가 말한 바 있다. 시를 쓰는 문학도에서 인류학자로 변신하게 된 계기는 비정상으로 여겨지는 자신을 탐구하기 위해서였다고. 인류학과 대학원 입학시험을 치를 때 내게 가장 영향을 준 인류학자를 말해보라는 질문을 받은 적이 있다. 나는 루스 베네딕트와 마거릿 미드를 꼽았다. 그 두 사람은 자신의 온 삶을 걸고 온몸을 던져 그 시대에 가장 절실했던 질문에 답하려던 사람들이다. 인류학자에게 비정상으로 분류당한 인류학도인 나는, 이번 여정에서 나의 어떤 면을 보게 될 것인지 자못 궁금해졌다.

아름다운 성곽 도시를
여행하는 방법

치앙센Chiang Sean은 오래된 성곽 도시이다. 구시가지 입구에는 이끼 낀 붉은 벽돌로 만들어진 성벽과 우람한 나무들이 평화롭게 서 있다. 성문 안으로 들어가자, 몇 백 년 묵은 큰 탑과 불상들이 차례로 나타났다. 해자와 성벽이 이렇게 완벽하게 남아 있는 곳이 있을까. 그 아름다움에 감탄하여 홀린 듯 사방을 둘러보았다.

치앙센 구시가지는 메콩강을 뒷변으로 한 오각형 성벽으로 둘러싸여 있다. 이곳은 14세기 란나 왕조 때 번성했지만 17세기에 미얀마의 침입으로 멸망하여 한동안 버려진 곳이다. 지금은 조용한 강변 도시로, 곳곳에 옛 제국의 유적들이 흩어져 있다. 역사 기록이 공백으로 남은 곳이 많아, 아직도 유래를 알 수 없는 탑과 기단석

"제발 걱정은 그만해. 그 순간이 힘들수록, 고생할수록, 당황할수록 나중에 더 귀중한 추억으로 남는단다." 이들의 다정한 위로가 여행 내내 나를 지탱해주었다

일부만 남은 터가 많다.

해질 무렵이 되니 도시 전체에 우리나라 경주와 비슷한 고즈넉한 기운이 감돌았다. 오래된 도시를 혼자서 여유롭게 달리는 기분은 무척 황홀했다. 붉은 석양, 푸근한 공기, 굳건한 대지, 이 모든 풍경이 가슴 깊숙한 곳까지 스며들었다.

식당에서 이번 여행 중 처음으로 자전거 여행자들을 만났다. 매년 1개월씩 1개국을 골라 자전거로 여행하기를 벌써 30년째 하고 있는 네덜란드인 부부였다.

"우린 해변에서 5분만 비키니를 입고 앉아 있으면 지겨워져 버

치앙센의 고즈넉한 오후 풍경. 폐허가 된 돌무더기 위에 앉아 휴식을 즐기는 여인의 표정
이 평화롭다

리는 사람들이거든. 그래서 자전거 여행이 좋아. 현지 사람들에게 가깝게 다가갈 수 있고, 그 나라를 더 이해할 수도 있잖아."

그들의 올해 코스는 태국 치앙라이에서 라오스 북부를 거쳐 수도인 비엔티안Vientiane까지 가는 것이다. 이 부부의 가이드북을 빌려보니, 태국 북부는 치앙마이-칭다오-따똔 루트만 실려 있다. 역시 내가 온 치앙라이 루트는 사람이 올 길이 아니었던 것이다. 네덜란드는 가이드북 문화가 발달해 있다. 최신 정보를 업데이트하여 나라별로 자전거면 자전거, 도보면 도보, 목적별로 만든 수제 가이드북 시리즈가 있는데, 이번에도 이들의 책은 무척 정확했다.

이 부부는 평생 자전거, 마라톤, 등산 등 각종 아웃도어 스포츠를 함께하며 인생을 즐긴다고 했다. 그런데 자전거 정비는 어떻게 할까? 며칠 달리지도 않았는데 내 자전거에서 소리가 나는 것 같아 베테랑 부부에게 물어보았다.

"우리가 할 줄 아는 건 펑크 때우기 정도야. 우린 휴가 온 거지 일하러 온 게 아니잖아. 우린 아주 천천히 다닌단다. 너도 제발 걱정은 그만해. 그 순간이 힘들수록, 고생할수록, 당황할수록 나중에 더 재미있고 소중한 추억으로 남는단다."

사실 처음에는 내 손으로 펑크도 때워본 적 없는 왕초보라, 어설프게 수리한다고 덤비다가 자전거를 망가뜨리느니 히치하이크를 하든 버스에 싣든 대도시 자전거숍으로 가는 게 훨씬 나을 거라고 생각했었다. 하지만 마지막 순간, 자전거숍 실장님의 위협에 놀라 그분이 챙겨주는 공구를 다 들고 와버렸고, 어쩌면 2개월간 한 번도 쓰지 않을 6~7킬로그램의 쇳덩이를 끌고 험한 산길을 다니게 된 것이다. 내가 인생을 살아온 방식도 이런 듯해서 한숨이 나왔다.

"원래 자전거에서는 소리가 나기 마련이야. 피팅하고 떠나도 며칠 내로 다시 삐걱거리고 뭔가가 이상해지지. 너한테 필요한 건 수리가 아니라 몇백 킬로미터를 달려보는 시간과 경험인 것 같구나."

그들과 헤어진 후 메콩강 왼쪽 길을 따라 태국, 미얀마, 라오스가 만나는 골든 트라이앵글까지 달렸다. 티베트에서 힘차게 출발한 이 물줄기가 풍요롭고 따스하게 대지를 적시다 바다와 섞일 때까지 나는 2개월간 함께할 것이다.

이미 어둠에 잠긴 메콩강 건너편 라오스 쪽에서 불빛 몇 개가 반짝였다. 날씨도, 기분도, 컨디션도 좋은 즐거운 크리스마스였다. 게다가 자전거로 하루에 100킬로미터를 넘게 달린 건 내 인생 처음이니, 강변에서 만찬을 들며 자축하기로 했다. 여러 가지 바비큐를 푸짐하게 먹은 후 숙소로 돌아왔다. 짐을 가득 실은 무거운 산악자전거를 타고 오래 달렸는데도 몸은 여전히 멀쩡해서 놀랍기만 하다. 나, 생각보다 튼튼한 사람인가 보다.

천천히 여행할 때
보이는 것들

태국은 10번 이상 가본 나라였다. 하지만 태국 문화를 알기 위해 깊은 대화를 하거나 현지 사람들과 밥을 함께 먹은 적은 없었다. 언제나 관광지에서 외국어 교육을 받은 태국인들이나 외국인들과 어울렸을 뿐이다.

자전거 여행을 하는 이유 중 하나는, 화려하게 내세울 것 없는 보통 장소에서 보통 사람들이 사는 모습을 보고 싶어서였다. 태국의 중심 무대에서 가장 소외된 사람들은 북부 고산족들, 북동부 이싼 지역 농민들, 남부 무슬림 등이다. 나는 북부 고산족들이 사는 모습을 가까이에서 보고 싶었다. 작년에 에코 투어리즘으로 유명한 라오스의 루앙남타 지역 아카족 마을에서 민박 트레킹을 했고, 자전거 여행을 시작하기 전에 태국 치앙마이에서 카렌족을 볼 수 있는 민박 트레킹을 했던 것도, 이번 여행의 절반인 1개월 가량을 라오스에서 보내기로 한 것도 그 때문이었다.

관심이 있다 보니, 자전거를 타고 가면서도 고산족과 관련된 것들이 자꾸 눈에 들어왔다. 치앙라이에서는 지도가 무슨 고산족 마을로 가는 길이라는 화살표와 함께 끊겼는데, 그게 궁금해 지도 바깥으로 달리다 갑자기 몽족 마을에 들어선 적도 있다. 국도를 달리다가 카렌족 마을이 있다는 간판을 따라 1시간 넘게 달려 조그만 마을을 보고 온 적도 있고, 치앙라이 도심에서는 고산족 박물관과 NGO에 들르기도 했다.

박물관에서 발견한 사실 중 하나는 목을 늘이는 풍습으로 유명한 카렌Karen족은 원래 태국 사람들이 아니라는 것이다. 이들이 태국 북부의 대표적인 관광상품이 된 것은 관광업자들의 상업적인 마케팅 덕분이다. 미얀마에서 살고 있던 카렌족은 군부 독재하에서 살기가 힘들어 외국으로 나가고 싶어 했는데, 태국 기업인들이 이 사실을 알고 이들을 고용하여 관광촌에서 '전시'를 하기 시작한 것이다. 목을 길게 늘어뜨리고 링을 겹겹이 하고 있는 여자들이 관광객들에게 모습을 보이고 받는 돈은 1개월에 1,500바트, 우리 돈으로 약 4만 원 정도이다. 그나마 여자들은 돈을 벌지만, 남자들은 전시 효과가 없기 때문에 월급도 받지 못하고 빈둥빈둥 논

관광객에게 하루 종일 사진을 찍히고 월급을 받는 카렌족 여인

태국의 불교사원을 가면 국왕의 사진을 함께 볼 수 있다. 푸미폰 국왕은 1946년 즉위한 이래 지금까지 온 국민의 사랑과 존경을 받고 있다

다. 이들은 태국 시민권이 없어 외부에서 일을 할 수도 없다. 그러니 여자 혼자 일해서 받은 월급으로 시장에서 쌀을 사다가 몇 식구가 밥만 해먹고 근근히 살아가고 있는 형편이다. 자전거를 타고 고속도로를 지나가면서 '롱넥 카렌 마을'이라고, 목을 늘인 여성들의 사진이 눈에 확 들어오게 만든 광고판을 수십 번 본 이유를 조금은 알 것 같다.

이번 여행을 통해 나는 고산족은 물론 태국 불교에 대해서도 좀더 생각해보게 되었다. 태국은 불교 국가라 절이 많고, 국민들이 열광적으로 왕을 좋아하고 존경한다는 것은 알고 있었지만, 절마다 불상 옆에 국왕 부부의 사진이나 국왕이 단기 출가했을 때의 사진을 크게 세워놓은 것은 낯선 풍경이었다. 현재 푸미폰 국왕이 훌륭하고 카리스마 넘치는 어른인 것은 분명하지만, 그것과 종교적이기까지 한 개인숭배는 별개의 문제 아닌가? 인도와 방글라데시에서 영어 잘 하는 태국인을 만날 때마다 나는 물어보았다.

"당신도 정말로 국왕을 존경하고 사랑하나요?"

여러 각도에서 질문해보았지만, 다들 지극한 표정으로 그렇다고 대답했다. 여행 중에 품은 의문은 돌아와서 읽은 태국 관련 책과 동남아 학회에서 주관한 워크숍에서 풀 수 있었다. 이 간단해 보이는 현상 속에 '태국적인' 것을 만들기 위한 역사, 민주화 운동, 계급 갈등, 지역 갈등, 시골 지역의 소외 등 모든 것이 함축되어 있었던 것이다. 분명한 것은 현장에서 내 눈으로 보고 의문을 품지 않았더라면 그런 책을 읽거나 그런 워크숍에도 참여하지 않았을 거라는 사실이다.

느린 여행은 작은 것 하나하나를 깊이 생각해보고 의문을 품을 시간을 준다. 쿠바의 혁명 영웅 체 게바라는 젊은 시절 오토바이를 타고 남아메리카 대륙을 돌아다니며 혁명의 이상을 키웠다는데, 나는 자전거를 타고 메콩강 유역 나라를 돌아다니며 인간과 사회에 대한 의문을 다져나간다.

다시 히치하이크에
도전하다

국경을 넘어 라오스로 가는 날. 메콩강을 따라 1시간 동안 평평한 지방도로를 신나게 달렸다. 점심을 먹고 나니 오르막길이 연속으로 이어졌다. 지도를 보니 국경도시인 치앙콩Chiang Khong까지 더심한 오르막길이 계속될 것 같았다. 힘들 때마다 내려서 자전거를끌고 가기를 수차례, 결국 손가락을 번쩍 치켜들고 히치하이크를하기로 했다. 며칠 전의 경험이 있어 모자와 마스크를 다 벗고 시작했더니, 지나가던 차가 바로 멈추었다.

첫눈에도 착하고 맑아보이는 젊은 부부였는데, 눈이 마주치자활짝 웃기부터 했다. 아저씨는 내 자전거와 가방을 번쩍 들어 낡은픽업트럭의 짐칸에 실어주면서, 자기들이 가는 곳까지 큰 언덕 2개를 넘어 세워주겠다고 손짓으로 말했다. 짐칸에 10분 정도 앉아 가면서 밖을 보니 엄청난 오르막길이었다.

내려서 물어보니 이 부부는 몽족이고, 그 마을에는 몽족들만 산다고 했다. 이 부부가 사는 집에도 가보고, 동네 구경도 하고 싶었지만, 산중에서 놀다가 오도 가도 못하게 될까 봐 잠시 망설인 끝에 예정대로 길을 가기로 했다. 차에서 내려 다시 신나게 내리막길을 달리는데 아까보다 더 심한 오르막길이 나타났다. 태국과 라오스 북부는 워낙 험한 산악지대여서 어쩔 수 없다고 스스로를 위로하면서 다시 엄지손가락을 올렸다.

이번에도 바로 차가 멈추었다. 새로 뽑은 듯한 픽업트럭이었다. 유리창이 부드럽게 내려오는데 앗, 감미로운 에어컨 기운이 몽실몽실 뿜어져 나오는 것이 아닌가! 얼굴이 흰 청년이 내 사정을 듣더니 유창한 영어를 구사하며 친절하게 자전거를 실어주었다.

내가 차를 탄 곳에서 조금 더 가니 오르막길은 끝나고 계속 평평한 길이 이어졌다. 자전거로 충분히 올 수 있는 구간인데, 치앙마이-치앙라이 구간에서 겁을 먹고 쉽게 포기한 것이 아쉽기는 했지만 덕분에 국경까지 편하게 도착할 수 있었다. 자전거를 한 손으로 붙잡은 채, 다른 한 손으로 복대를 열고 여권을 꺼냈다. 출국사무소가 작다 보니, 그런 자세로 창 틈으로 여권을 내밀고 쉽게 수속을 끝낼 수 있었다.

내 자전거는 태국 고산지역에서는 몽족의 트럭 뒤
에, 라오스 고산지역에서는 한국에서 폐차된 버스
위에, 베트남에서는 봉고차 위에 실려 여행을 다
녔다. 메콩강을 만나면 나룻배에 실리기도 했는데,
가장 아찔한 경험은 라오스 빡세로 가는 투어리스
트 버스의 뒤꽁무니 환기구 틈 사이에 가는 끈으
로 묶여 수백 킬로미터를 이동했던 밤일 것이다

20미터를 걸어가서 나룻배를 탔다. 나와 자전거, 뱃사공이 오르자 조그만 나룻배가 꽉 차, 가라앉을 듯 흔들렸다. 나는 메콩강을 5분 만에 건너 라오스에 도착했다. 입국사무소에서 비자를 받고 도장을 받고 나오니 짐을 가득 실은 내 자전거가 발라당 넘어져 있었지만 다행히 망가진 데는 없었다.

근처 게스트하우스에 방을 잡고 짐을 풀었다. 내일은 슬로 보트를 타고 빡벵Pak Beng까지 하루 종일 그냥 떠내려가기만 하면 된다. 3일간의 자전거 여행에서 쌓인 피로를 풀며 아무 생각 없이 푹 쉬면 된다. 드디어 내일부터는 라오스다.

2부

라오스 훼이싸이Huay Xay 빡벵Pak Beng 우돔싸이Udom Xai 빡몽Pak Mong
농키아우Nong Khiaw 쌈느아Sam Neua 비엥싸이Vieng Xai 폰사완Phonsavan

우돔싸이
농키아우
빡몽
쌈느아 · 비엥싸이
훼이싸이
빡벵
폰사완

배를 타고
메콩강을 따라
흐르다

메콩강은 티베트 고원 청해青海 지역의 작은 샘에서 발원하여 중국, 미얀마, 태국, 라오스, 캄보디아, 베트남 6개국을 흐른다. 전체 길이 4,200킬로미터로, 동남아에서 제일 길고 세계에서는 12번째로 긴 강이다. 이 물줄기의 발원지는 용이 승천하는 곳이라 하여 용천이라고 불리며, 중국 운남성을 거칠 때는 란찬강이라는 이름으로 칭해지기도 한다. 총 길이의 53퍼센트에 해당하는 라오스와 태국을 흐를 때에는 '메남 콩', 즉 '콩강'이라고 불리며, 하류인 베트남의 메콩 삼각주에서는 9개의 작은 강으로 갈라져 9마리의 용이 있는 것처럼 보이므로 구룡강九龍江이라고도 한다.

이틀 내내 배를 타고 이 물줄기를 따라 흘러내려 가는 것은 유용한 교통수단인 동시에 좋은 구경거리이기도 하다. 그래서 대부분의 외국인들이 배를 타고 라오스의 수도 비엔티안으로 이동하는 코스를 택한다. 나 역시 뱃길을 이용하기로 했지만, 배로 단숨에 비엔티안까지 가지는 않고 자전거로 다니기 힘든 산악지대만 우선 벗어나기로 했다.

배를 타니 어제 숙소에서 잠시 인사를 나눴던 중국인이 보였다. 그녀 뒤에 앉아 말을 나누었는데 이야기가 잘 통했다. 우리가 나누는 이야기가 재미있어 보였는지, 앞에 있던 커플도 슬금슬금 돌아앉아 끼어들기 시작했다. 그러다가 4명이 쉬지 않고 이야기를 하게 됐다.

중국인 왕찌엔은 파란만장한 인생을 살아왔다. 그녀는 마케팅 분야에서 일하다가 지겨워서 그만두고 중국의 유명 관광지인 쑤저우에서 커피숍을 열었다. 그때 중국 전역에서 온 손님들을 사귀어둔 덕분에 1년 이상 중국을 여행할 수 있었다. 마음에 드는 곳이 생기면 1개월 혹은 수개월간 가게를 돕는가 하면, 카페에서 서빙하고 그 대신 숙식을 제공받는 방식으로 곳곳에서 장기체류를 했다. 개인적으로는 윈난성이 사람들이 푸근해서 좋고, 쓰촨성은 음식이 맛있어서 좋단다.

왕찌엔은 한국 드라마를 보면서 한국 여자로 태어나지 않은 것을 감사하게 되었다고 한다. 한국 여자들은 매일 집안 대소사를 챙기고, 식구들 밥을 지어야 하고, 아이가 학교에서 오면 간식 챙겨주고, 시댁 식구들 눈치를 골고루 살피고, 평생을 남편과 가족에게 얽매여 사는 것 같아서란다. 알아서 밥도 잘 챙겨먹고 여자도 동등하게 대해주는 중국 남자들이 훨씬 나은 것 같단다. 다만 자신처럼 여행 다니는 걸 이해 못 하는 어르신들이 꽤 있어서, 자신은 그런 걸 설명하지 않아도 되는 미국인 남자친구를 사귀고 있다고 했다.

우리 앞에 있던 커플은 네덜란드인과 결혼해서 21세에 네덜란드로 이민 간 라오스 출신 눈과 그녀의 현재 남자친구인 스티븐이었다. 눈은 네덜란드에서 대학을 졸업하고 현재 간호사로 일하고 있으며, 첫 남편과는 이혼했고 현재 스티븐과 사귀는 중이다.

눈은 라오스에서는 정치 이야기를 해선 안 된다고 거듭 강조했다. 지금도 외국인 저널리스트 몇 명이 감옥에 수감 중이라는 것이다. 한국도 불과 20년 전엔 그랬지만 지금은 상당한 수준의 민주주의를 이뤄냈다고 하니까, 라오스는 한국과 다르다고 고개를 저었다. 한국은 높은 교육 수준 때문에 금세 발전할 수 있었지만, 교육 수준이 낮은 라오스는 쉽게 변할 수 없다는 것이다.

이 배에서 나는 독일에서 온 한스도 만났다. 지난 5년간 매년 1개월씩 자전거 여행을 해온 한스는 이번엔 라오스로 떠나는 길이었다. 그의 준비성은 놀라울 정도였다. 정확한 고도와 거리, 쉴 곳과

훼이싸이 보트에서 만난 세계 각국의 여행자들

볼 곳이 다 나와 있는 정밀한 유럽산 지도와 손가락으로 사진을 찍어서 의사소통을 할 수 있는 작은 사진책까지 없는 게 없었다.

배는 이곳저곳에서 이야기꽃을 피우는 다양한 나라의 여행자들을 싣고 메콩강 위를 미끄러져 나아갔다. 물살의 좌우로 잔잔한 풍경들이 끊임없이 펼쳐졌다. 작은 섬에 외롭게 서 있는 초가집, 낚시하는 할아버지, 뗏목을 홀로 노 저어 가는 소년, 건기와 우기의 수위가 새겨져 있는 모래톱……. 책을 읽다가 누군가 탄성을 지으면 배의 왼쪽으로 시선을 집중하고, 이야기를 하다가 다시 누군가 함성을 지으면 배 오른쪽으로 몰려가기를 수차례, 어느덧 해는 동쪽에서 서쪽으로 넘어갔고, 여행자들의 눈동자에는 수평선 너머의 붉은 해가 비쳤다.

6시 반, 어둠이 깔린 빡벵에 도착해, 배에서 사귄 8명과 저녁을 먹었다. 하루 종일 아름다운 강을 유유히 떠내려가며 경치를 감상하고, 새로 사귄 이웃들과 음식을 나눠먹고, 술 마시며 뒤풀이까지 했다. 왕찌엔과 방을 함께 썼으니 돈도 아낀 셈이다. 그저 천천히 이동했을 뿐이지만, 충만하고 재미있는 하루였다.

수호천사와
안내천사의 등장

다음 날 아침 숙소에서 5분 정도 달리자 시골 마을이 눈에 들어
왔다. 집 안에서 청소하던 사람들, 나무를 지고 가던 사람들, 학교
에 가던 아이들이 일제히 나를 쳐다보며 "사바이디!" 하고 외쳤다.
약간 쌀쌀한 날씨에 안개 속의 풍경이 멋져 심호흡을 했다.

앞쪽에서 자전거를 타고 가는 한스의 모습이 보였다. 반갑게 인
사하고 한동안 함께 가다가 나는 곧 그를 앞질렀다. 그래, 아저씨
는 나이도 많고 짐도 많으니 힘들겠지, 젊은 내가 훨씬 더 잘 가겠
네, 하면서. 하지만 약한 오르막길이 시작되자 그가 곧 나를 추월
해버렸다.

잠시 후 같은 곳에서 쉬면서 그의 자전거와 짐을 조사했다. 그

는 GPS와 발전기는 물론 야영장비와 취사도구까지 완벽한 준비를 해왔다. 그에 비하면 나는 한심한 수준이었는데, 심지어 나는 자전거를 땅에 세울 수 있는 스탠드도 없었다. 계속 자전거를 잡고 서서 쉬고 있었더니, 그가 맥가이버 칼을 꺼내 대나무를 톱으로 쓱쓱 썰어 그 자리에서 대나무 스탠드를 만들어주었다.

이 구간에서는 산길이 너무 가팔라서 기어를 1단에 놓고 조금 달리다 내려서 끌고 가기를 반복했다. 뒤로 처져 한참을 달리다 모퉁이를 돌면 담배를 피우며 나를 기다리고 있는 한스가 보였다. 같이 가자고 약속한 것도 아닌데 끝까지 기다려주어서 고마웠다.

무앙혼에서 점심을 먹다가 자전거를 타고 가는 젊은 독일인 커플도 만났다. 이들은 오늘 남은 길이 너무 멀고 험하며, 특별히 볼 것도 없으니 우돔싸이Udom Xai까지 버스를 타고 가겠다고 했다. 이 지역은 동남아에서 가장 험준하고 도로가 나쁜 산악지대이니만큼, 내일 하루도 무사히 가려면 동행이 있는 것이 좋을 것 같아 그들에게 합류하기로 했다.

우리는 트럭 1대를 대절하여 2시간을 달린 끝에 우돔싸이 버스 터미널에 도착했다. 독일인 3명이 자전거에 가방을 튼튼히 묶고 있는 동안, 나는 다른 버스에서 막 내린 자전거 여행자 가족과 이야기를 나누었다. 그러다 우리 일행이 출발하려는 것 같아 잽싸게 내 짐도 묶고 출발했는데, 20미터도 채 못 가 뒤에서 한스가 "멈춰!" 하고 외치는 것이 아닌가. 뒤를 돌아보니, 내 자전거 가방이 옆으로 미끄러져 대롱대롱 매달려 있었다.

한스는 날 보며 얼마나 한심했을까. 루트도 정하지 않았고, 오르막길만 나오면 내려서 자전거를 끌고 올라가고, 자전거 스탠드도 없고, 자전거 가방의 많은 끈을 제대로 연결도 하지 않고 질질 끌고 다니고, 핸들 피팅을 잘못해서 계속 손과 팔이 아프다고 하고, 핸들은 한쪽으로 돌아가 있고……. 제대로 하는 것도 없고 자전거 여행은 해본 적도 없는 저질 체력인 여자가, 그것도 혼자서 이 험한 라오스 산길을 달리겠다고 왔으니 말이다.

그날 저녁은 하루의 전투를 함께한 동지들과 어울렸다. 다들 나이를 밝혔는데, 한스는 51세였다. 등과 어깨가 기형적일 정도로 심하게 굽고 피부는 주름투성이라 60대인 줄 알았는데 놀라웠다. 젊은 커플 중 남자 보니히는 30세, 여자 이너스는 32세였다. 이들은 가방이 작고 가벼운데다, 가져온 모든 것이 간단하고 실용적이었다. 몸도 근육질에, 정신도 근육질인 것 같았다.

보니히는 이번이 3번째 자전거 여행이다. 처음 여행에 나선 것은 군대 대체 복무인 사회봉사civil service를 막 마친 19세 때였다. 할 일도 없는데 그냥 자전거 여행이나 해볼까 하는 생각에 아무런 준비 없이 갑자기 길을 나섰다. 그 길로 프랑스, 스페인을 넘어 모로코까지 갔는데, 변변한 재킷 한 벌도 갖춰입지 않은 채 알프스를 거의 쉬지 않고 넘어버렸다. 쉬게 되면 흘린 땀으로 인해 몸이 얼기 때문이다. 24세 때는 중국에서 티베트를 거쳐 네팔로 내려오는 여행을 했다. 티베트는 자전거 여행자들이 품는 로망 같은 코스인데, 그의 이야기를 들어보니 나도 도전할 수 있을 것 같았다.

유럽에서 군대에 가는 나라는 어딘지, 왜 리히텐슈타인에 사는지 등등 책에서는 볼 수 없었던 이야기도 들을 수 있었다. 그러다가 오늘 라오스 사람들에게 받은 환대에 대해 토론했다. 하루 종일 우리는 500명 넘는 사람들에게 목이 터질 정도로, 팔이 떨어져나갈 정도로 격렬한 인사를 받았다. "사바이디!" 인사가 길 양옆에서 하루 종일 파도처럼 밀어닥치는데, 나도 "사바이디!"를 외치며, 때로는 뛰어오는 아이들과 손을 잡으며 페달을 밟다보니 너무 바빠 내 다리가 아픈지 아닌지조차 의식할 수 없었다.

아무런 이유 없이 좋아해주니 고맙긴 했지만, 한편으로는 묘한 기분이 들었다. 매일 수많은 자전거 여행자들이 지나갈 것이고, 생계에 어떤 도움이 되거나 이야기를 나눌 수 있는 것도 아닐 텐데 왜 저렇게 좋아하는 걸까? 인사를 나누는 것이 그렇게도 재미있을까? 전기도 거의 안 들어오고 TV도 거의 없는 마을이라 우리를 보는 것이 유일한 오락거리인 걸까? 외국인에 대한 동경과 환상을 우리에게 투사하는 걸까?

매사에 합리적이고 똑 부러지는 청년 보니히는 라오스도 태국

자전거를 타고 시골길을 가다보면, 자전거 여행자들은 하루 종일 현지인들의 열렬한 환대를 받는다. 진심을 담은 '사바이디'는 서로의 마음을 여는 중요한 열쇠가 된다

처럼 경제적으로 발전하거나 태국 사람들처럼 자신감을 갖게 되면 이런 사바이디의 물결이 몇 년 안에 사라질 거라고 확언했다. 과연 어떻게 될지, 10년 후 이곳에 다시 와서 자전거를 타고 확인해 보고 싶다.

　다음날. 출발한 지 얼마 되지 않았는데, 근사한 쫄티에 쫄바지를 입고 반짝거리는 자전거를 탄 여행자가 지나갔다. 인사를 하고 보냈는데, 곧 그의 일행이 떼지어 달려왔다. 그런데 저들은 왜 가

방도 없는 단출한 차림새일까? 알고 보니 그들은 자전거 전문 여행사에서 운영하는 2주짜리 프로그램에 참가한 사람들이었다.

여행사 사장님 제이슨은 잘생기고 친절한 호주인으로, 그는 11년 전 동남아에 와서 자전거 여행을 한 뒤 이 지역 자전거 여행에 푹 빠져서 사업으로까지 연결하게 되었다. 태국 여자와 결혼하여 방콕에서 살면서 2곳에서 지사를 운영하고 있는데, 동남아 전체로 지점을 확장할 예정이다.

"사업이 이렇게 잘 될 줄 몰랐어. 너무 바빠서 쉴 틈이 없을 정도라니까!"

이번에는 15명의 호주인과 캐나다인, 아내까지 이끌고 여행을 하는데, 뒤에서 미니버스와 트럭이 천천히 따라오면서 지친 사람이 생기면 태워주고, 자전거가 고장 나면 즉시 고쳐주고, 1시간에 1번 간식과 물을 나눠주는 방식이다.

손님들의 이야기를 들어보니, 호주에서 온 한 커플은 매년 1개월 정도 이런 식으로 자전거 여행을 한다고 했다. 무거운 짐을 들고 다니기도, 어디서 자야 할지 신경 쓰기도 싫어 항상 현지에서 자전거 전문 여행사를 통해 자전거와 가이드, 차를 빌려서 여행하는 것이다. 물론 편리하고 안전하겠지만, 자전거로 미지의 세계를 탐험하는 묘미는 느끼지 못할 것이다. 더구나 하루에 100달러에 육박하는 비용이 드니, 나는 앞으로도 그런 패키지 여행에 참가할

신랑감을 고르는 축제에 나온 몽족 소녀들. 양산을 쓰고 하이힐을 신은 현대적인 모습과는 대조적인 전통 복장이 이채롭다

일이 없을 것 같다.

나처럼 혼자 여행하는 용감한 아시아 여성은 처음 본다는 제이슨에게 나는 루트도 정하지 않고 여행에 나섰다고 고백했다. 그러자 그는 지도를 꺼내라고 하더니, 이런저런 루트가 있는데, 이 길의 특성은 무엇이고, 거리는 어떻게 되고, 숙소는 어디에 있고, 어떤 경치를 볼 수 있는지 상세하게 알려주었다. 직업 덕분인지, 그 모든 정보가 머릿속에 차곡차곡 쌓여 있다가 랩처럼 줄줄 흘러 나왔다. 베테랑 전문가에게 무료로 친절한 컨설팅을 받은 덕분에 태국-라오스-베트남-캄보디아 자전거 루트가 훤히 그려졌다. 2개월간 그저 메콩강을 따라 달리거나 라오스에서 보내겠다고 막연하게 생각했는데, 그가 베트남 중부의 해안선 루트와 남부의 메콩 삼각주 루트, 캄보디아 남서부의 해안선 루트를 환상적으로 이야기하는 바람에 메콩강에서 한동안 멀어지는 한이 있어도 2개국을 추가해야겠다고 즉석에서 마음을 고쳐먹었다.

제이슨 덕분에 몽족 축제를 더 재미있게 구경할 수도 있었다. 화려한 전통 의상을 차려입은 20세 미만의 여자아이들이 많이 보여서 신기하다고 생각했는데, 앞에서 나를 기다리고 있던 제이슨이 친절히 설명해주었다. 그날이 몽족의 새해 축제일인데, 공 던지기 놀이를 하면서 결혼 상대를 고르는 전통이 있다는 것이다. 예쁘게 꾸민 소녀들과는 대조적으로 소년들은 대부분 더러운 청바지에 구겨진 티셔츠를 입고 있었다. 전통 치마 밑으로 반짝거리는 하이힐을 신고 힘겹게 또각또각 걸어다니는 소녀들이 대부분이라는 점도 이채로웠다.

불안하게 시작한 여행인데, 첫 며칠을 함께 동행하며 나를 지켜준 수호천사 한스와 길을 알려준 안내천사 제이슨을 만났다. 게다가 며칠 후, 방비엥Vang Vieng에서 우연히 들른 서점에서 세계 가이드북의 지존인 《론리 플래닛Lonely Planet 시리즈》 동남아 지역 자전거 가이드북도 살 수 있었다. 사실 이 책은 10년 전 초판이 나온 뒤 절판되는 바람에 더 이상 사고 싶어도 살 수 없는 책이다. 유럽인들은 자전거 여행 전에 이 책을 사기 위해 원래 가격의 10배까지 돈을 지불해가며 중고판을 산다고 하는데, 난 아무런 수고도 없이 아주 싼값에 깨끗한 책을 구했다.

이번 여행이 생각보다 쉽게, 무사히 끝날 것 같은 예감이 들었다. 지금까지 해왔던 수많은 여행이 항상 그렇게 끝났기에 이번에도 그럴 거라는 막연한 믿음은 있었지만, 이번 여행은 준비가 부실해서 큰 사고가 생길지 모른다는 불안감도 약간은 있었다. 하지만 이렇게 엉망으로 준비해왔음에도 적절한 곳에서 적절한 정보를 수집할 수 있으니 행운의 여신은 내 편이라고 생각하기로 했다.

진심을 담은
'사바이디'

2010년 1월 1일 아침을 농키아우Nong Khiaw에서 맞았다. 죽 한 대접, 마늘과 버터를 발라구운 바게트, 커피를 배불리 먹고 들어오는 길이었다. 숙소 근처 공사장에서 인부들이 음식을 먹으며 라오스의 국민 맥주인 비어라오Beerlao를 마시고 있는 것이 보였다. "사바이디!"를 외쳤더니, 한 아저씨가 들어오라고 손짓을 했다. 어제 저녁을 먹었던 길 건너편 식당 주인이었다. 식당 주인이 왜 남의 집 공사를 도와주고 있을까? 아저씨가 내게 비어라오를 큰 컵 가득 따라주고, 밥과 반찬도 덜어주며 영어로 설명해주었다.

"우리 마을에선 어느 집에 무슨 일이 있으면 온 마을 사람들이 나서서 도와줘. 또 새해 아침에는 공사장에 좋은 운이 들라고 집

주인이 마을 사람들을 불러서 대접을 한단다."

주위에 있던 아저씨들도 자꾸 맥주를 권하는데, 다들 낯이 익었다. 며칠간 마을을 돌아다니며 눈 마주칠 때마다 부지런히 인사를 해둔 덕분이다.

라오스에 온 뒤 나도 모르게 아무에게나 미소를 가득 띠고 "사바이디!"라고 인사하고 있었다. 아름다운 자연 속에서 항상 웃는 순박한 사람들과 함께 있다 보니 그들처럼 행동하게 된 것인가. 지금까지 묵어온 마을에서도, 심지어 버스 안에서도 눈만 마주치면 내가 먼저 웃으며 인사하니까 가는 곳마다 사람들이 내게 도움을 주려고 했다. 버스터미널의 짐 부리는 사람도, 기사도, 조수도, 옆자리 사람도, 휴게실이나 화장실에서 멈출 때마다 웃으며 내게 신경을 써주었다. 내가 뭘 주는 것도 아닌데, 그냥 외국인이라는 이유만으로, 나의 존재만으로 반가워해주니 고마울 뿐이다.

쌈느아Sam Neua 가는 길에서는 이런 일도 있었다. 버스를 타고 가다가 휴게소에서 멈춰 화장실을 다녀오니, 버스 안에서 눈인사만 나눴던 부부가 밥을 먹고 있었다. 부부는 식당에서 국물 한 그릇 시켜놓고는 집에서 싸온 반찬과 찰밥을 꺼내 먹는 중이었다.

라오스는 국민소득이 이웃나라 태국이나 베트남보다 몇 배 낮은데 음식 값은 오히려 더 비싸다. 시골 사람들 대부분이 자급자족 경제로 살아가는 데다가, 도로, 수도, 전기 등의 인프라가 제대

정류소 식당에서 국물만 시킨 뒤, 집에서 싸온 밥과 반찬을 먹고 있는 부부. 이들이 비닐
봉지에 싸온 찐밥을 먹으라고 권해서, 나도 국물과 양념장에 밥을 찍어 맛있게 먹었다

로 갖춰지지 않았기 때문에 제조업이나 상업이 발달하지 못했다.
그러니 음식 사먹을 곳도 마땅치 않고 가격도 비싸다. 현지인들은
여행할 때 항상 밥과 반찬을 싸갖고 다니며, 식당에서도 손님들이
국물만 시켜먹는 것을 당연하게 생각한다.

　부부는 눈이 마주치자 환히 웃으며 내게 손짓을 했다. 밥 한 술
뜨라고, 아니 밥 한 주먹 먹으라고 권하는데, 이럴 땐 어떻게 하
는 것이 좋을까? 돈이 다 떨어져가는 젊은 히피 여행자라면 고맙

게 받아먹겠지만, 서양인들은 거절하는 게 일반적이다. 손으로 먹는 게 더럽다며 위생상의 이유를 대는 사람도 많고, 가난한 그들의 것을 빼앗아 먹을 수 없다고 하는 사람도 있다.

국가별 문화 차이를 심도 깊게 다룬 책을 보면 동남아 문화에서는 뭔가를 먹을 때 손님에게도 권하는 것이 주인의 예의이고, 정중하게 거절하고 떠나는 것이 손님의 예의라고 적혀 있다. 그러나 다른 책에서는 현지인들이 권하는 음식을 거절하면 그것이 보잘것없어서 혹은 그 사람들을 무시해서라는 오해를 살 수도 있으니 조금이라도 맛있게 먹는 것이 중요하다고 말하고 있다. 결국 정해진 답은 없는 것이다.

지금까지 여러 곳을 여행하며 내가 내린 결론은 현지인들이 권하는 것을 맛있게 먹되 작은 선물을 준다든지, 마음을 정중하게 표현하여 그들을 기쁘게 해주는 것이 좋다는 것이다. 망설이다 기껏 마음을 내어 누군가에게 표현을 했는데, 거절 당하면 얼마나 무안하고 기분 나쁘겠는가.

잠시 후 부부와 다시 눈이 마주쳤는데 그들이 또다시 손짓을 했다. 나는 성큼 그들에게 다가가, 부부가 하는 것과 똑같이 손으로 찰밥을 뜯어 국물에 적셔 먹었다. 밥이 풍족한 것 같아서 몇 덩어리 더 먹다보니 의외로 맛있어서 식욕이 솟았다. 나는 국물도 떠마시고, 아저씨처럼 밥을 고춧가루에 찍어 먹었다. 이들 덕분에 마음도 배도 따뜻하게 차올랐다. 아쉬운 것이라면, 시간이 없어서 폴라로이드 사진을 찍어드리지 못한 것이다.

나중의 일이지만, 현지인들의 결혼식에 2번 초대받은 적이 있다. 비엔티안Vientiane으로 가던 도중, 울긋불긋 울타리를 칠하고 색색의 풍선을 매단 장소를 지나치게 되었다. 음악도 흐르고, 멋진 옷을 입은 사람들이 가득 모여 있는 것이 재미있어 잠시 멈춰섰다.

어딜 가든 자전거를 타고 돌아다니는 외국인은, 특히 혼자 다니는 여자는 사람들의 시선을 받게 마련이다. 눈이 마주치는 사람들에게 웃으며 "사바이디!"를 외치자, 사람들이 들어와서 구경하라고 손짓을 했다. 입구 근처 테이블에 앉자, 옆에 있던 청년이 말을 건넸다. 근처 관광지의 카지노에서 일하는 청년이라 영어가 능숙했다.

잠시 후 테이블에 있던 사람들이 1명씩 나와서 라이브밴드의 연주에 맞춰 노래를 하고, 일부는 옆에서 춤을 추고, 나머지 사람들은 가운데 탁자로 가서 음식들을 덜어왔다. 음식은 종류가 많지 않았지만 비어라오는 원없이 나왔다. 내 주위 아주머니와 아저씨들이 내 안경과 선글라스를 신기해 하기에 보여드렸더니, 차례차례 써보며 도수 때문에 눈이 돌아간다고 머리를 흔들었다.

참석한 사람은 200명 정도, 마을 사람들이 다 모인 듯했다. 마을 사람들은 입구에 있는 하트 모양의 박스에 분홍 봉투를 집어넣은 뒤 자리로 돌아왔다. 부조금 문화가 우리와 비슷해보였다. 어

길 가다가 우연히 초대받았던 시골 마을의 결혼식. 새신랑 새신부에게 한국 전통의 신랑
신부 모습이 새겨진 책갈피를 선물하자 무척 좋아했다

떻게 하면 나도 자연스럽게 부조금을 낼 수 있을까 생각하고 있는
데, 갑자기 신랑신부가 나타났다. 블랙라벨 위스키를 1병 따서 금
쟁반에 올리고, 작은 잔 2개를 얹더니 그걸 들고 좌중을 돌기 시
작했다. 신랑, 신부가 술을 1잔 따라주면 받은 사람은 술을 마신
뒤 쟁반에 또 현금을 올려놓았다.

내 차례가 되자 나도 어제 만난 한국인 커플에게 받은 기념품과
돈을 쟁반에 올려놓았다. 마침 전통 혼례식을 올리는 신랑신부의

모습이 새겨진 금빛 책갈피 기념품을 나는 갖고 있었다. 언젠가 요긴하게 쓸 일이 있을 것 같았는데 기회가 온 것이다.

기념품을 꺼내자 옆에 있던 아저씨가 너무 좋아했다. 그가 신랑신부를 다시 부르더니, 의미를 부여하며 설명하기 시작했다. 금칠이 되어 있고, 곱고 섬세한데다가 한글까지 씌어 있어서 귀한 선물처럼 보였는지도 모른다.

라오스에도 잔 돌리는 풍습이 있는 걸까? 아저씨들이 자꾸 내 잔에 비어라오를 따라주었다. 원샷을 하고 잔을 돌려주니 무척 좋아했다. 사람들은 술을 마시고 일제히 나가서 춤을 추었다. 이 지역 고전무용인 압사라 댄스의 영향을 받은 듯 손목만 돌리며 춤을 추는 것이 이채로웠다.

화장실에 가려고 부엌을 지나치는데, 일하던 아주머니 1명이 나를 보자마자 "까올리?" 하고 큰 소리로 물었다. 한국인이냐고요? 그럼요. 내가 고개를 끄덕이자, 갑자기 "아이 러브 유!" 하면서 나를 와락 껴안았다. 그 옆에 있던 아주머니 2명도 번갈아가며 나를 껴안았다. 그런데 "아이 러브 유"라는 대사는 어느 드라마에서 나온 것일까? 영어는 못 하는 사람들이니 TV 드라마로 배운 문장임이 분명하다. 전에도 태국 북부 몽족 마을에 갔을 때 아이들이 "아이 러브 유" 하고 소리를 지르며 쫓아왔던 적이 있었다.

가는 곳마다 외국인, 특히 한국인이라는 이유만으로 과분한 혜

택을 받는다. 대한민국의 드라마 제작자들은 복 받으시라! 비어라오에 발그레해진 얼굴로 한낮의 따사로운 햇살 아래를 헤치며 나는 다시 천천히 페달을 밟았다.

가장 단순하고
소박한 방법으로
마음을 얻다

농키아우 가는 길에 경치가 너무 멋져서 자전거를 잠깐 멈추었다. 학교 가던 아이들이 "사바이디!"를 외치며 달려오더니, 내 자전거를 마구 더듬기 시작했다. 나도 "다들 가방 이리 내!" 하고는 아이들 가방을 몽땅 열어서 검사하기 시작했다. 아이들 가방 속에 뭐가 있는지 늘 궁금했는데 절호의 기회가 왔던 것이다. 아이들은 신이 나서 터진 주머니 속도 열어보이고, 노트도 펼쳤다. 노트에는 부들부들 떨리는 손글씨로 "I am a student" 같은 문장을 10번, 20번 써놓기도 했고 산수 계산과 로봇 그림도 뒤죽박죽 섞여 있었다. 노트는 갖고 있었지만 교과서는 보이지 않았다.

병풍처럼 높이 솟은 카르스트 지형이 둘러싸고 있는 평화로운 강 풍경에 홀려 쉽게 떠날 수가 없었다. 아름다운 경치에 흠뻑 빠져 있는 중에도 마음속에서는 갈등이 계속되었다. 배를 타고 몇 시간 상류를 거슬러 올라가면 가이드북에서 추천한 므앙응오이가 있는데 전기가 하루에 2시간밖에 들어오지 않는다는 천국 같은 오지에서 며칠간 쉬면서 절경을 마음껏 감상할 것인가, 아니면 따뜻한 남쪽 나라로 재빨리 내려갈 것인가?

나는 항상 다음 일정을 짜며 고민한다. 이럴 때는 여러 가지 알고리즘을 짜는 것이 최선이다. 모든 경우의 수에 네와 아니요의 순서도를 짠 뒤 여행의 끝까지 날짜별 시뮬레이션을 해보았다. 결국 여기서는 시간을 아끼고, 제이슨이 추천한 베트남과 캄보디아의 아름다운 길을 가는 쪽이 낫겠다는 결론을 내렸다.

다음 행선지는 유네스코 세계문화유산으로 지정된 폰사완 Phonsavan이다. 기원을 알 수 없는 대형 항아리들이 수백 개 놓여 있는 신비한 평원으로 알려져 있다. 며칠 전부터 함께 길을 나선 한스는 농키아우에서 쌈느아를 거쳐 폰사완까지 가려면 중간에 숙소가 없어 이틀간 산 속에서 텐트를 쳐야 할 거라고 했다. 그것도 아주 재미있는 계획이긴 한데, 물과 음식을 잔뜩 짊어지고 비포장 길만 골라가는 격렬한 아웃도어 여행을 상상해보니 덜컥 겁이 났다. 그렇다면 쌈느아까지는 버스로 이동하는 것이 정답이다.

버스터미널에 가서 다음날 쌈느아로 가는 12시간짜리 버스표를 샀다. 한스가 남은 오후를 보내는 방법으로 이 근방의 험한 산길을 탐험하는 3가지 옵션을 제시했다. 나는 최신형 독일 가이드북을 심사숙고하여 연구한 노련한 한스 대선배를 따라 므앙응오이 쪽으로 험한 산길을 넘어가기로 했다.

강 옆의 비포장길은 험한 산길이었다. 급커브, 통나무로 만든 외다리, 미끄러운 진흙탕길이 몇 시간 동안 이어졌다. 작은 마을 몇 개를 지나고, 개울을 지나 한참을 갔더니 길이 어느 대문 앞에서 끊겼다. 굵은 나뭇가지로 얼기설기 엮어 만든 대문은 마을과 바깥의 경계였는지, 그 안으로는 나무로 만든 집이 여러 채 보였다. 근처를 아무리 둘러보아도 다른 길은 없었다. 이 마을을 통과하는 수밖에 없을 것 같아 대문 안쪽 여기저기에 숨어 있는 눈동자들을 바라보며 "사바이디!" 하고 외쳤다. 키 큰 소녀가 나타나서 길이 없다고 했다. 그러면 이 마을이라도 둘러보게 해달라고 부탁했다.

햇볕 내리쬐는 마당은 꿀꿀거리며 뛰어다니는 건강한 돼지들, 날개를 치며 돌아다니는 닭들과 어슬렁거리는 개들, 깔깔거리며 노는 아이들로 분주했다. 이런 마을에서 며칠 지내면 좋겠다는 생각을 했지만, 시간이 부족할 것 같아 떠나기로 했다. 마당 여기저기서 말리는 풀과 곡식들을 검사하다가 우리를 쫓아다니는 아이들, 창문 밖으로 고개를 빼꼼히 내밀고 웃는 아저씨들, 마당에서 베를 짜는 아주머니들과 함께 사진을 찍었다.

그날 밤, 내 방 베란다에 앉아 강물에 비친 달을 보고 있을 때였다. 아주머니가 마당에서 모닥불을 피우는 것이 보였다. 동네 사람들이 어떻게 사는지 알 수 있는 좋은 기회다 싶어 얼른 아주머니 옆으로 가서 앉았다. 아주머니는 그을음이 가득 묻은 큰 솥을 걸고 물을 끓이기 시작했다.

처음에는 수줍어하던 아주머니가 내가 엉터리 라오어와 제스처를 과장되게 섞어서 재미있게 말을 걸자 마음이 놓였는지 궁금한 것을 묻기 시작했다. 결혼은 했느냐, 같이 온 저 남자는 남편이냐, 왜 방을 따로 쓰느냐, 애는 있느냐 등의 질문을 몇 개의 영어 단어와 손짓 발짓으로 엮어냈다. 결혼은 안 했고, 저 남자는 며칠 전에 길에서 만났을 뿐이며, 침대가 2개 있는 큰 방 아니면 방을 같이 쓰지 않고, 애는 없어요, 하고 나도 친절히 설명해주었다.

아주머니는 이 숙소를 운영하며 큰아들을 루앙프라방 사범학교에 유학 보냈다. 덕분에 19세인 아들은 곧 교사가 될 예정이다. 작은아들은 고등학교에 다니고 있는데 영어도 꽤 잘 해서, 우리 같은 관광객이 이 집에 묵도록 많은 도움을 주었다.

"그런데 아가씨는 이태리인이우?"

나처럼 생긴 사람을 보고 이태리인이냐고 묻는 사람은 태어나서 처음 보았다. 한국인이라고 하자, 그럼 같이 온 남자도 한국인이냐고 묻는다. 그 사람은 독일인이라고 하자 이상하다는 듯 고개를

"애가 몇 명인가요?" 라오스 시골집에서 만난 몽족 일가족. 여인과는 말이 통하지 않았지
만 서로 마음속의 호감은 나눌 수 있었다

갸우뚱거렸다. 국가나 민족이라는 개념이 우리와 다른 걸까? 136개 소수민족이 오순도순 모여 사는 라오스에 살다 보니 다른 나라에도 몇 개의 민족이 살고 있을 거라고 생각하는 것일까?

달빛에 비친 바나나잎과 나무들의 그림자를 보며 아주머니가 끓여준 차를 마시다보니, 아주머니의 언어로 아주머니가 무슨 생각을 하는지 좀 더 알고 싶었다. 그후로도 라오어를 배우고 싶다는 생각은 끊임없이 머릿속을 맴돌았다.

한 번은 비엥싸이Vieng Xai 근처 시골 마을을 혼자 탐험하다 몽족 아주머니를 만나 이야기를 나눈 적이 있다. 몽족 아주머니의 집에 가게 된 것은 우연이었다. 비엥싸이 동굴 투어를 끝내고 시간이 남아, 길에서 마주친 독일인 청년에게 독일어 가이드북에만 나오는 마을 탐험 루트를 대충 번역해달라고 부탁했다. 그의 설명을 듣고 출발했지만 길이 좁고 험해 포기하려던 찰나, 집이 서너 채 되는 작은 마을이 눈에 들어왔다. 조그만 초가집 양지 바른 마당에서 자수를 뜨고 있는 아주머니를 발견했다.

인사를 하고 슬금슬금 다가갔더니, 아주머니가 미소를 지으며 의자를 내주었다. 나는 마당 구석에 널려 있는 풀을 가리키며 물었다.

"이 풀, 먹는 거예요?"

환한 웃음과 함께 아주머니가 고개를 끄덕였다.

"저건 뭐죠?"

다가가서 자세히 보니 옥수수 말린 것이었다. 이 마을은 여기저기 평평한 곳마다 옥수수를 널어 말리고 있었다. 내가 조그만 마당 이곳저곳을 훑으며 혼자 구경하고 만져보며 감탄하는 동안 아주머니가 경계심을 완전히 내려놓는 것이 느껴졌다. 아주머니는 내가 아이들 사진 찍는 것을 좋아했다.

"여기 있는 애들이 다 아주머니 애들이에요?"

배부른 동작을 하며 애들을 가리켰더니, 아주머니도 제스처로 대답했다.

"아뇨, 제 아이들은 3명이고, 이 2명은 옆집 애들이에요. 당신은 애가 몇인가요?"

"전 애들이 없어요. 저는 한국인인데, 아주머니는 몽족인가요?"

환한 미소와 함께 다시 *끄덕끄덕*. 언어는 통하지 않았지만 서로 호감은 전달할 수 있었다. 양지 바른 시골집 마당에서 서로를 감상하며 즐거운 시간을 보내다 얼마 후 손을 흔들고 떠났다.

방비엥에서는 개에게 악수하는 법을 가르치고 있던 술 취한 어르신들의 강권으로 함께 술을 마시며 저녁을 보낸 적도 있다. 말은 통하지 않았지만, 개와 술이 좋은 매개체가 되어주었다. 개에게 각자 하고 싶은 이야기를 하며 손을 내밀고, 그 와중에 술잔을 돌리며 마른 고기를 뜯어먹다 보니 말은 통하지 않아도 함께 있는 것

비엥싸이의 라오스 혁명박물관에 걸려 있는 사진들. 라오스 공산주의 혁명 당시 여인들은 총을 들고 싸웠고, 아이들은 동굴 속에서 열심히 공부했다. 현재 라오스 지폐에는 동굴 속에서 수년간 머무르며 혁명을 이끈 지도자이 자 전직 대통령의 얼굴이 그려져 있다

이 즐거웠다. 오토바이 뒤에 옷을 가득 실은 손수레를 매달고 다니며 장사를 하는 아저씨와 함께 비를 피하면서 몇 시간 동안 얘기를 나눈 적도 있다.

다른 나라보다 라오스에서는 유독 어떤 사람을 더 깊이 알게 되는 느낌이다. 주로 그 사람의 집 앞에서 그 사람이 가진 모든 것, 그 사람이 속한 가족을 보면서 이야기를 나누어서일까. 복잡한 도시에서는 몇 달을 알고 지내도 그 사람에 대해 아는 것이 없는데 참 놀라운 일이다.

자전거로 여행하면 현지인들과의 대화를 통해 많은 것을 새롭게 바라보게 된다. 한 번도 생각해보지 못한 것을 생각하고, 그 나라에 대해 깊이 이해하게 된다. 특히 라오스에서는 내국인, 외국인 할 것 없이 많은 사람들이 나에게 관심을 보이고, 쉽게 경계를 풀고 먼저 다가와서 도움을 주었다. 자전거 여행이 아니었더라면 이런 만남이 어려웠을 것이다.

나만의 속도로
길을 가라

쌈느아를 출발하여 비엥싸이로 향하는 길이었다. 오르막길을 제법 올랐다 싶을 때, 저 위에서 서양인 자전거 여행자 1명이 내려오는 것이 보였다. 우리는 누가 먼저랄 것도 없이 반갑다는 소리를 지르며 멈춰서서 이야기를 나누었다.

벨기에의 대학 관리부에서 일하는 에릭은 7주 전부터 혼자서 동남아의 산속을 여행 중이다. 그는 산악용 자전거를 생긴 그대로 그냥 들고 온 나 같은 사람은 이전에도 보지 못했고 이후에도 보지 못할 거라며 놀라는 눈치였다.

에릭은 조그만 해먹을 갖고 다녔다. 산 속에서 마을 사람들에게 해먹을 칠 곳이 있느냐고 물으면 대부분의 사람들이 집 안으로 불

러 재워주고 밥도 주었다. 심지어 절에서도 여러 번 잤다. 나도 사람들에게 말을 건넬 구실로 작은 텐트를 가져갈까 생각한 적이 있다. 텐트를 보여주며 "어디 치면 좋을까요?" 하고 묻다가 자연스레 집 안으로 초대받고 싶었다. 그러나 여자 혼자 남의 집에서 자는 것은 여러 가지 오해를 불러일으킬 소지가 있어서 포기하고 말았다. 내가 좋다 해도 현지의 문화를 지켜주지 않으면 안 된다. 게다가 소승불교에서 여자는 비구스님과 옷깃도 스쳐서는 안 되는 법규가 있어 절에서 자는 것도 불가능하다.

그는 집에서도 자동차를 타지 않는단다. 출퇴근, 장보기, 사람 만나기 등 모든 일상생활을 자전거로 하고 틈만 나면 자전거로 여행을 떠난다. 높은 언덕 위에서 그와 1시간 넘게 이야기를 하고 있는데 안개가 스멀스멀 올라오더니 비가 퍼붓기 시작했다. 우리는 방수잠바를 꺼내 입고 행운을 기원하며 각자 갈 길로 나섰다.

빗속을 뚫고 비엥싸이로 가는 길. 안개 속을 헤치고 가는데, 갑자기 어떤 계시라도 내려오듯 저쪽 하늘에서 환한 햇살이 비치면서 사방으로 우뚝 솟은 기암괴석들이 이어진 카르스트 지형이 나타났다. 작은 집들이 오밀조밀 이어진 평화로운 마을 풍경에 홀려 천천히 작은 길을 달리는데, 마당에서 나를 지켜보던 소년이 합장을 하며 인사했다. 그의 미소처럼 모든 것이 정갈하고 여여했다.

자전거 여행자들은 쉴 때만 함께할 뿐, 자전거 위에 있을 땐 누구에게도 방해받기를 원하지 않는다. 자신만의 속도로 자신만의 길을 나아갈 뿐이다

3부

라오스 무앙푸쿤Muang Phu Khun 카시Kasi 방비엥Vang Vieng 나남Na Nam
비엔티안Vientiane 빡세Pakse 빡송Paksong 탓로Tad Lo 빡세Pakse

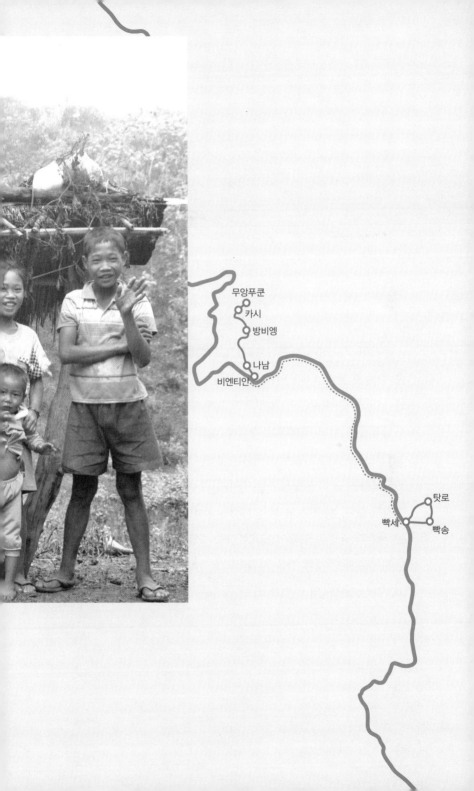

무앙푸쿤
카시
방비엥
나남
비엔티안

탓로
빡세
빡송

내 인생
최고의 길

폰사완 터미널에서 지난 10일간 여행을 함께했던 한스와 아쉬운 작별을 했다. 그와 며칠 더 여행할 수도 있었지만 여행자로 만난 인연의 한계는 분명했다. 초보 여행자 시절, 나는 매일 수많은 사람들을 만나고 헤어지는 과정에 절차와 의미를 부여했다. 사람을 알아갈수록 더 깊이 이해하고 공감하는 과정이 감동적이어서 관광보다는 동료 여행자들과 이야기 나누는 일에 시간을 더 할애하기도 했다. 하지만 그 모든 과정을 거친 지금 나는, 사람 사이에는 시간과 공간의 미학이 필요하다는 것을 깨닫고 있다.

헤어질 땐 각자의 길을 가되, 그가 행복하기를 진심으로 빌어주고, 가끔 동지애와 추억을 담아 즐거운 소식을 전하는 것이 가장 좋은 마무리이리라. 하루 20잔의 커피, 3갑의 담배, 그리고 자학성 여행으로 외로움을 해결하는 한스가 언젠가는 무거운 짐들을 다 털어버리고, 몸도 마음도 가볍고 산뜻한 모습으로 즐겁게 살기를 진심으로 바라면서 나는 그와 작별했다.

나는 세상의 여러 곳에서 한스처럼 마음이 공허한 사람들, 인생의 위기에 부딪힌 사람들, 자신을 바꿔보고 싶은 사람들을 만났다. 이들의 내면의 상처와 공허함은 사회구조, 문화변동, 가족의 역사, 사소한 개인의 선택 같은 복합적 요소들이 얽히고설킨 것인 만큼 치유하기가 쉽지 않다. 그러나 이 여행자들은 적어도 자신을 바꾸기 위해 한 걸음 내디딘 사람들이다. 어떤 실낱같은 가능성이든 찾아보려고 익숙한 곳을 벗어나 미지의 세계를 선택했으니 그들의 삶도 언젠가는 나아지리라. 그 희망이 마음을 치유하는 첫걸음이 될 것이라 생각한다.

한스와 헤어지고 난 뒤 그곳에서 서양인 자전거 여행자 4명을 만났다. 중년 아저씨 2명이 1팀, 30대로 보이는 남녀 커플이 1팀이었다. 30대 커플은 며칠간 나와 같은 루트로 움직인다고 했다. 이들의 이름은 시몬과 우르줄라이며, 역시 독일인이다. 한스처럼 휴가를 5주 받아서 태국과 라오스를 자전거로 여행하고 있었다.

이날 루트는 오후 내내 45킬로미터를 달리며 1,000미터 아래의 마을로 내려가는 환상의 코스였다. 코너를 돌자마자 산 오른쪽으

라오스의 한적한 시골길. 멀리 수묵화처럼 펼쳐진 산, 떼 지어 달려오는 소녀들의 자전거.
주변에서 손을 흔드는 현지인들은 자전거 여행을 즐겁게 해주는 풍경이다

로 굽이굽이 흐르는 능선들이 내려다보였다. 구름 한 점 없는 날씨에 햇살이 환했다.

길 양쪽으로 빗자루 만드는 풀을 잔뜩 말리고 있는 마을이 나타났다. 길가에서 풀을 널고 있던 사람들이 모두 "사바이디!" 하고 손을 흔들었다. 나도 손을 흔들며 기분 좋게 인사를 하고 싶었지만, 심하게 굽은 내리막길을 쏜살같이 내려가며 균형을 잡느라 잠시도 핸들에서 손을 뗄 수가 없었다.

얼마 후 전망대 휴게소로 들어서자, 서양인 관광객 몇 그룹이 일제히 우리 근처로 모여들었다. 다들 60대에서 70대의 어르신들이었다. 멋진 백발 신사가 내게 한국에서 왔느냐고 물어보았다.

"난 국제적십자사 소속으로 평양에 오래 머물렀어. 그들이 구호물자와 식량을 제대로 분배하는지 감시하는 일을 했지."

그는 북한 사람들이 매우 친절했으며 개인적으로도 좋은 친구였다고 말했다. 북한에서 여행을 다니려면 개인 가이드 2명을 고용하고 항상 그들의 감시를 받아야 하지 않느냐고 했더니, 이분의 경험에 의하면 친해진 뒤로는 적당히 믿고 혼자서 다니도록 풀어주기도 했단다. 그는 남한에도 꼭 가보고 싶다며 질문을 쏟아냈다.

그는 나와 더 이야기를 하고 싶어했지만, 우리 주위를 돌며 호시탐탐 기회를 노리고 있던 아주머니가 내게 얼른 말을 걸어버렸다.

"정말 대단해요! 어떻게 이런 길을 자전거로 다닐 생각을 해요?"

이 50대의 미국인 아주머니는 알고 보니 미국을 자전거로, 그것도 대각선으로 가로지른 엄청난 분이었다. 폴라 아주머니는 여자 3명, 남자 2명 그룹을 만들어서 시애틀에서 플로리다까지 전 미국을 11주 만에 가로질러 달렸다. 로드바이크에 조그만 자전거 가방 2개만 싣고 다녔으며, 주로 캠핑을 했다. 모텔 방 하나에 5명이 5대의 자전거를 넣고 자기도 했는데, 커플도 아닌 그들이 아직도 친구로 남아 있는 것이 세상에서 가장 큰 기적이라나.

폴라 아주머니 이후로도 멋있는 어르신들이 와서 한 마디씩 말을 건넸고, 우리는 일약 스타가 되었다. 우리가 떠나려고 하자, 그 많은 백발의 어르신들이 일제히 손을 흔들며 배웅해주었다. 날씨와 풍경과 사람들이 모두 환상적이어서 그 자리에 그대로 있고 싶었지만, 저 빛이 사라지기 전에 혼자서 황홀하게 산길을 내려가고 싶어 독일인 커플을 놔두고 먼저 길을 나섰다.

멀리 아찔할 정도로 가파른 산 아래 마을들이 보였다. 그 주위로 바람에 흔들리는 갈대들, 빛을 받아 장엄하게 뽐내며 솟아 있는 기암괴석들. 나 혼자 도로 중앙을 차지하고 몇 분인지 몇십 분인지 모를 영원한 순간을 질주했다.

시속 40~60킬로미터로 좌우의 고산준봉을 가로지르며 내려오니 바람소리가 너무 커서 뒤에서 트럭이 쫓아오는 것 같았다. 그 길에는 빛나는 갈대와 찬란한 햇빛뿐, 완전히 나 혼자였다. 바람소리, 산, 햇볕, 청명한 공기와 나는 완전히 하나였다.

모든 것이 아름다워 꿈만 같았다. 꿈속에서 나오지 못할까 봐 문득 걱정이 될 때는 멈춰 서서 사진을 찍었다. 순간적으로 브레이크가 잘못되거나 경치에 정신이 홀려 1초만 미끄러졌다면 낭떠러지로 떨어졌으리라. 하지만 자전거 위에서 나는 온전히 깨어 있었다. 그 어떤 잡념도 없이 완벽하게 집중한 상태에서 구불구불한 산길을 수없이 돌며 엄청난 내리막길을 달려 내려왔다. 오늘 자전거로 달린 이 빛나는 순간은 평생 잊지 못할 것이다.

생각해보니 작년에 나는 버스를 타고 이 길을 지나간 적이 있었다. 그런데도 전혀 기억이 나지 않는다는 사실을 믿을 수가 없었다. 이렇게 아름다운 구간을 그냥 휙 스쳐 지나갔단 말인가. 자전거가 아니었더라면 이 멋진 구간을 평생 모르고 지나가버렸을지도 모른다.

한참 후, 조그만 가게가 나타났다. 군복 입은 아저씨와 마을 사람들 여럿이 모여 앉아 이야기를 나누는 광경이 재미있어 보여 가게 앞 의자에 앉았다. 주인아저씨는 아이와 밥을 먹고 있다가 나와 눈이 마주치자 오라고 손짓했다.

안 그래도 배가 고픈데 잘됐다 싶어 냉큼 상 앞에 앉았다. 20세 정도 된 듯한 볼이 빨간 아기 엄마가 찰밥이 가득 든 소쿠리를 건네주었다. 반찬은 고춧가루와 간장을 버무린 양념장과 살도 없고 크기도 작은 생선 2마리뿐이었다. 아무리 뜯어봐도 '말라비틀어진'이라는 표현 외에는 묘사할 방법이 없는 생선이었다. 아저씨는 맨밥을 먹으면서 나에게는 자꾸 생선을 먹으라고 했다. 아무 맛도 없고 간도 안 맞는 생선이었지만, 약간 뜯어서 찰밥과 함께 손으로 먹으니 나를 주시하고 있던 사람들이 모두 고개를 끄덕이며 환하게 웃었다.

벽에는 합성한 결혼식 기념 액자 사진이 걸려 있었다. 낡고 지저분한 스냅사진 몇 장도 여기저기 붙어 있었다. 한국에서 가져온 폴라로이드 카메라를 쓰기에 딱 좋은 기회 같았다. 온 가족을 앉혀놓고 셔터를 누르니, 인화지가 스르륵 올라왔다. 염료가 마르면서 사진이 점점 선명해지는 동안 내가 만지지 못하게 하자, 아저씨가 엄숙하게 손가락을 흔들며 주위 사람 그 누구도 만지지도 못하고 말도 꺼내지 못하게 했다. 잠시 후, 완성된 사진을 본 아저씨는 무척 좋아하면서, 부부만 1장 더 찍어달라고 했다.

이렇게 완성된 사진 2장은 그들의 옷장 유리에 끼워졌다. 아마 틈날 때마다 동네 사람들에게 자랑스럽게 보여줄 것이다. 폴라로이드 카메라를 볼 때마다 저걸 언제 쓰나, 저 비싸고 무거운 걸 왜 새로 사서 가져왔나 하고 후회하곤 했었는데, 이렇게 좋아하는 사람들을 보니 잘 가져왔다는 생각이 들었다.

다시 자전거에 올랐다. 내리막길과 오르막길이 반복되더니, 갑자

무앙푸쿤에서 카시로 가는 산중마을에서 만난 부부. 폴라로이드
사진을 찍어주자 그들은 집에서 제일 잘 보이는 곳에 그 사진을
끼워넣었다

기 길이 평평해지면서 광활한 논이 나타났다. 모심기하는 농부들 뒤로 해 지기 전의 따사로운 햇살이 비쳤다.

평지를 한참 달려 목적지 카시Kasi에 도착했다. 오늘 숙소는 주인아주머니도 친절하고, 따뜻한 물도 잘 나오고, 침대도 어제와 달리 튼튼한 새것이라 마음에 들었다. 방 앞에는 아늑한 마당과 탁자도 있었다. 방 안에는 마실 물도 있고, 복도에 정수기도 있고, 1층이라 자전거를 힘들여 운반하지 않아도 되었다. 물통도 2개나 있고 수압도 세어 빨래도 시원하게 했을뿐더러, 즐겁게 샤워를 하고 나서는 자전거도 씻고, 체인과 각종 관절에 붙은 흙먼지도 제거했다. 중국 식당에서 배불리 먹고 나니 모든 것이 마음에 들고 행복했다. 가이드북에는 '모든 날이 오늘 같으면 얼마나 좋겠는가!'라고 쓰여 있었다.

길에서 만난
인연들

　1시간만 더 가면 될 줄 알았는데, 갑자기 눈을 뜰 수 없을 정도로 비가 퍼부어서 빗속을 뚫고 간신히 여행자거리 입구에 도착했다. 첫 번째로 들른 숙소에서 3만 낍에 뜨거운 물로 샤워까지 할 수 있다고 해서 더 생각할 필요도 없이 묵기로 했다.

　샤워를 하고 옷을 입는데 바싹 마른 옷을 입을 수 있다는 사실이 그렇게 행복할 수가 없었다. 한스가 주었던 독일제 기능성 빨랫줄도 무척 실용적이었다. 숙소 바로 옆의 절에서는 북치는 소리가 둥둥 들려왔다. 하루 종일 빗속을 달려온 자전거 여행자에게 따뜻한 물로 샤워한 뒤 누울 수 있는 조그만 공간이 있다는 것은 눈물겹도록 행복한 일이다.

첩첩산중에서 만난 6명의 다국적 라이더. 내 자전거를 중심으로 왼쪽은 독일인 시몬과 우르줄라 커플, 가운데는 벨기에인 에릭, 오른쪽은 조그만 보따리를 싣고 유라시아 대륙을 종횡무진 여행하고 있는 용감한 한국인 커플

마사지를 받으러 가는 길에 시몬과 우르줄라를 다시 만났다. 이들은 언제나처럼 뭔가를 먹고 있었는데, 나를 보자마자 한국에 대해 갑자기 궁금해졌다며 이것저것 물어보았다. 이들이 가장 감탄한 것은 찜질방과 한정식이었다. 군침을 흘리며 내년 휴가는 반드시 한국에서 보내겠다고 다짐하는 이들을 바라보며 나는 사색에 잠겼다.

우르줄라는 나와 동갑인 데다 키도 같고 생긴 것도 비슷하다.

차이점이라면 우르줄라는 같이 여행할 만한 짝을 쉽게 찾을 수 있는 문화에, 1년에 5주 정도 휴가를 낼 수 있는 시스템 속에 살고 있다는 점이다. 내가 저런 문화에 태어났더라면 20대에 그렇게 방황을 하지도, 계속 혼자 여행을 다니며 자신을 몰아세우지도 않았을 것이다.

그래픽 디자이너인 시몬은 31세, 특수학교 상담교사인 우르줄라는 33세인데, 결혼은 하지 않고 동거중이다. 우르줄라는 자신의 직업도, 관대하게 휴가 처리를 해준 교장도 너무 좋다며 인생에 대한 감사함과 즐거움이 넘쳤다. 시몬도 겨울에 별로 일이 없다며 올해 휴가, 내년 휴가를 몽땅 모아서 떠날 수 있게 해준 사장님과 회사에 대해 고마워했다. 쉽게 휴가를 내고 1개월 이상 여행을 다닐 수 있는 사회 시스템이 또 다시 부럽기만 했다.

다음날. 나남Na Nam으로 가는 오르막길을 엉금엉금 올라가고 있는데, 저 위에서 자전거 여행자가 내려오는 것이 보였다. 앗, 동양인이네? 점점 거리가 가까워져서 보니 딱 한국인이었다. 그것도 내 또래의 젊은 여자!

언덕 너머에서 시커먼 한국 남자도 1명 나타났다. 먼저 시선이 간 것은 이들의 가방이었다. 세상에, 뭐 저리 가방이 작담? 여자의 자전거에는 울긋불긋한 패니어 2쌍이 아니라, 보자기 같은 것으로 둘둘 만 보따리 1개가 달랑 얹혀 있었다. 남자는 남들 다 입는 속건성 스포츠웨어가 아니라 색깔이 바래고 직물이 닳고 닳은 셔츠에 반바지 차림이었다. 온몸이 시커멓게 탔고, 근육이 민첩하게 움직이는 것이 집 떠난 지 오래된 들짐승급이 분명했다.

아니나 다를까, 이들은 작년 4월에 한국을 떠나, 중국−동남아 여러 나라들−파키스탄−시리아−이란−요르단−터키−불가리아−루마니아−이집트를 자전거로 달린 뒤, 다른 루트로 자전거를 타고 돌아오는 길이란다.

이들의 작은 짐 속엔 놀랍게도 텐트, 침낭, 버너까지 들어 있었다. 세계일주용 도구는 33만원짜리 중고 자전거였다. 이들이 가장 후회하는 건 산악용 타이어가 아니라 내리막길용 타이어를 쓴 것이란다. 요철이 없어서 자꾸 펑크가 나는데, 수리는 거의 할 줄 모른단다. 기어가 고장 난 자전거에, 길 가다가 만난 여행자들의 지도를 손으로 대충 베낀 종이 쪼가리와 보따리만 달랑 들고 유라시아 대륙을 종횡무진으로 누비고 있었다. 정해진 장소나 목적지도 없이, 가다가 배고프면 먹고 졸리면 잔다. 배고플 때 식당이 있으면 사먹고, 없으면 버너로 끓여서 밥을 해먹는다. 졸릴 때 숙소가 보이면 그곳에서 자고, 없으면 텐트를 치고 자는 여행자였다.

우리는 땡볕 아래서 1시간 이상 이야기를 나누었다. 온 길을 돌아가서 이들과 밤새 수다를 떨어볼까 하는 생각을 하던 찰나, 갑자기 뒤에서 시몬 커플과 에릭이 나타났다. 6명의 다국적 라이더가

이야기꽃을 피우니 즐겁긴 한데, 이것 참, 어느 방향으로 가야 하지? 한국인 커플은 내가 따라오면 차가운 맥주를 사겠다고 하고, 독일인 커플은 차가운 콜라를 사겠다고 유혹했다. 나는 엄숙한 표정으로 신탁을 받겠다고 선언했다. 동전을 꺼내 던지면서 "앞이 나오면 한국인을, 뒤가 나오면 유럽인을 따라가겠다"고 외쳤다. 차르르르! 신은 내가 유럽인들과 함께 앞으로 전진하기를 바라셨다. 마음이 잘 맞을 것만 같은 동지들을 한국에서 다시 만나기로 하고 떠나는 기분은 아쉬웠지만, 그날 저녁에는 또 다른 만남이 기다리고 있었다.

자전거 여행자에겐
누구나 마음을 열어준다

주행거리가 110킬로미터에 이르렀을 즈음이다. 해가 지기 시작했고, 목적지인 나남까지 가려면 험악한 산속 오르막길을 2킬로미터나 더 올라가야 했다. 모든 걸 포기하려는 순간, 게스트하우스가 나타났다. 방이 4개밖에 없는 허름한 곳이었지만, 커다란 창문 바깥으로 거센 강물이 보이는 호젓한 경치가 일품이었다. 4만 낍이라는 저렴한 가격도 마음에 들었다. 방에 짐을 놓고 나와 사진을 찍고 있는데 갑자기 익숙한 소리가 들렸다.

"안녕하세요!"

깜짝 놀라 둘러보니, 강가 정자에서 밥을 먹고 있던 현지인 가족 중 한 여인이 한국어로 인사를 건넸다. 어떻게 내가 한국인이라는 걸 알아챘을까? 이들은 차가운 맥주가 담긴 잔을 흔들며 내게 오라고 손짓했다. 그러고는 요리를 덜어주며 자기소개를 했다. 일행은 라스베이거스 카지노에서 일하는 태국 출신 여인과 그녀의 라오스인 남편, 그의 사촌 2명과 아이들이었다.

남편의 사촌이라는 여인은 영어를 잘하는데다가, 기품과 입성이 심상찮아 보였다. 알고 보니 어릴 때부터 미국에서 자랐고, 라오스로 돌아와 4년 반 동안 일하다 다시 호주 정부 장학금으로 대학원을 마치고 돌아왔단다. 빙빙 돌려 물어봤더니, 그러면 그렇지! 할아버지가 라오스 인민혁명의 영웅 7명 중 1명이었던, 전직 대통령이었다. 그 자리에는 그 7명 중 다른 1명의 손자도 있었다. 아이러니한 건, 라오스 인민들의 피땀 어린 돈으로 상류층 생활을 해왔을 그녀가 라오스에 대해서는 아무것도 모른다고 실토한 것이었다. 그녀가 라오스에 대해 자신 있게 말한 것은 다음 문장뿐이었다.

"지금 태국과 라오스는 한류열풍의 도가니예요!"

라스베이거스 여인의 말마따나, 이번 여행 중 가는 곳마다 TV에 한국 연예인이 나오고, 광고에서도 한국어가 나오는 일이 잦아 여러 번 놀란 터였다. 이들은 한국에 가고 싶다고 몇 번이나 말하다가, 밤이 깊어지자 남은 음식을 몽땅 건네주고 고급 승용차를 타고 떠났다.

다음날, 비엔티안으로 가는 길에 라오스판 박카스 음료를 마시기 위해 멈추었는데 가게 안에서 한 청년이 나오더니, 라오스에서 보기 드물게 매끈한 영어로 말을 걸어왔다. 그는 대학에서 영어를 전공했다며 이것저것 내게 물어보았다. 좋은 기회인 것 같아 나도 그동안 궁금했던 것들을 잔뜩 물었다. 라오스의 행정 체계, 정치 체계 등등. 하지만 이야기는 곧 사람 이야기로 흘러갔다.

그는 비엔티안의 라오스 인민공화국립은행Bank of Lao PDR에서 일하는 은행원인데, 결혼할까 말까 고민 중인 여자친구 집을 방문해서 대신 가게를 봐주는 참이었다. 이 동네 출신인 그는 큰 다리를 관리하다가 예쁜 처녀가 지나가서 말을 걸었고, 여차저차해서 지금의 여자 친구를 사귀게 되었다고 말했다. 그는 태국은 정치, 경제 등 모든 것이 심각해서 사람이 살기 힘든 곳이며, 라오스 사람들은 모두 불교도라고 믿고 있었다. 함께 정치에 대한 토론을 하다가, 그의 입장이 곤란해지는 것 같아 인사를 하고 헤어졌다.

10분도 달리지 않았는데, 이번에는 자전거를 탄 아저씨 2명이 나타났다. 너무 반가워 손을 흔들어 세웠다. 자전거를 레저로 타는 사람들은 생활용 자전거를 타는 현지인들과는 달리 울긋불긋한 싸이클 복장과 헬멧, 고급 자전거, 자전거 가방 때문에 바로 표시가 난다. 그래서 태국에서 원정 온 여행자들인가 했더니, 놀랍게도 비엔티안에 사는 라오스인들이었다. 일본 대기업 M사의 고위 간부와 대형 커피숍 사장님이라 영어도 잘 하고, 일요일에는 이런

자전거를 '레저'로 즐기는 라오인 자전거족을 우연히 만났다. 사회 계층화 현상은 라오스에서도 이제 남의 일이 아니다.

여행도 다니는 모양이었다. 사회주의 국가 라오스에도 자본주의식 사회 계층화가 이루어지고 있는 듯했다.

　라오스에서는 이처럼 여유롭게 시골길을 다니며 많은 사람들을 만났고, 많은 사람들에게 환대를 받았다. 자전거 여행자는 시끄러운 모터 소리로 마을의 평화를 깨거나 오염 물질을 남기지 않고, 잘난 척하지도 않고 할 수도 없으며, 물 1잔, 빵 1조각에도 감사할 준비가 되어 있기 때문일 것이다. 자신의 모든 것을 내보이면서, 자신의 몸뚱아리로만 정직하게 땀 흘리며 조금씩 나아가는 모습에 보는 사람들의 마음도 활짝 열렸을 것이다.

벼룩과 빈대의
무차별 공격

라오스의 수도 비엔티안에 가까워질수록 도로 사정이 점점 좋아졌다. 자갈보다 아스팔트 비율이 늘어났고, 비엔티안 12킬로미터 앞을 알리는 표지석 이후부터는 중앙분리대와 차선도 생겼다. 곧이어 왕복 6차선 도로로 넓어지더니 신호등이 등장했다.

한적한 시골길에 익숙해진 자전거 여행자에게는 신경이 곤두서는 일이다. 비엔티안 시내에서 몇 번이나 멈추어 지도를 확인했다. 란쌍대로로 들어선 게 맞는지 거듭 확인하며 대통령궁 앞까지 왔는데, 맙소사! 일방통행이어서 한참을 돌아가야 했다.

겨우 미리 점찍어둔 숙소로 갔더니 이번에는 방이 꽉 찼다고 했다. 1시간 동안 근처 20여 곳 숙소를 돌았지만, 빈방이 하나도 없었다. 이제 곧 해가 질 텐데 비싼 호텔이라도 가야 하는 걸까? 다행히 뒷골목에 있는 6만 낍짜리 트윈룸을 하나 발견해서 하루를 묵었다. 그 다음날 아침, 다시 가장 저렴한 숙소를 찾아갔더니 마침 싱글룸이 하나 비어 있다고 했다. 벽이 더럽고 누추한 방이었지만, 3만 5천낍이라는 매력에 빠져 일단 돈을 내고 왔다. 방을 옮기기 위해 가방을 싸다 보니, 갑자기 스스로에게 화가 났다. 2만 5천낍이면 4,000원도 안 되는데, 그걸 아끼려고 이렇게 힘을 빼고 시간을 낭비하다니.

시골이 그립다는 생각을 하면서, 힘들고 번잡한 대도시를 하루 종일 쏘다녔다. 그러고는 피곤해서 초저녁에 잠이 들었다. 잠결에 내가 왜 자꾸 팔을 긁지, 하는 생각을 몇 차례 했는데, 아침에 일어나 보니 온몸이 벼룩과 빈대에 물려 화산투성이였다. 침대 위를 보니 수십 마리의 벼룩과 빈대가 기어다니고 있었다.

일단은 심란한 마음을 가라앉혀야 할 것 같아 비엔티안에서 가장 오래된 사원인 왓시사껫으로 향했다. 아름다운 예술품을 보며 위안을 얻은 뒤 숙소로 돌아와 주인아저씨에게 벌겋게 부어오른 팔을 보여주었다. 주인은 5분만 있으면 가라앉는다며 누런 이빨을 드러내고 웃기만 했다. 몇 시간째 가려움증이 가라앉지 않아 박박 긁었는데 5분만 기다리라고? 방을 바꿔준다는 그의 말을 무시하고 그냥 체크아웃 했다. 얼른 시골로 떠나 편하게 쉬고 싶어 그날

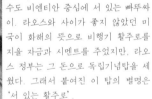

수도 비엔티안 중심에 서 있는 빠뚜싸이. 라오스와 사이가 좋지 않았던 미국이 화해의 뜻으로 비행기 활주로를 지을 자금과 시멘트를 주었지만, 라오스 정부는 그 돈으로 독립기념탑을 세웠다. 그래서 붙여진 이 탑의 별명은 '서 있는 활주로'.

라오스의 수도 비엔티안의 국보급 문화재들. 오래된 절들에서 느껴지는 세월의 무게와 부처님의 평화로운 미소 덕분에 밤새 빈대와 벼룩에 물려 고통받던 나는 위안을 받았다.

밤 당장 빡세Pakse로 가는 야간버스표를 샀다.

그러나 빡세까지 가는 일은 쉽지 않았다. 버스를 타러 갔더니 벌써 짐칸이 꽉 찼는데, 실어야 할 짐은 아직도 수북이 쌓여 있었다. 내 가방과 자전거는 대체 어디에 싣겠단 말인가? 기사와 조수가 한참을 상의하다가 갑자기 얼굴이 밝아졌다. 대체 무슨 묘수를 찾은 것일까.

그들은 버스 뒤 환기통을 가리키며, 자랑스러운 얼굴로 자전거를 묶는 시늉을 했다. 그러면서 수박을 들고 갈 때 쓰는 비닐 끈과 박스를 묶을 때 쓰는 짧고 노란 나일론 끈을 서너 개 가져와 내 자전거의 짐받이와 핸들을 환기통 틈새에 묶었다. 아니, 저런 허술한 끈으로 자전거를 묶고 수백 킬로미터를 달리겠다고? 길이 엄청나게 험할 텐데 내 자전거가 그 요동을 견뎌낼 수 있을까? 나는 고개를 흔들었지만, 아저씨들은 자전거를 툭툭 쳐보이며 아무 문제가 없을 거라고 자신했다. 정말 다음날 새벽 차에서 내려보니, 자전거가 그 자리에 무사히 매달려 있어 가슴을 쓸어내렸다.

숙소를 잡고 방에 들어서자마자 옷을 다 벗어 화장실로 집어던졌다. 온몸이 벌겋게 부풀었는데, 물린 자국 수가 전날의 2배 이상이었다. 어제 입었던 옷을 왜 그대로 입고 있었을까? 예전에 인도에서, 재작년에 스페인 까미노 데 산티아고에서 처절하게 온몸으로 배운 교훈들을 왜 다 잊었을까? 벼룩과 빈대에 물린 후엔 입고 있던 모든 옷을 빨고 뜨거운 물로 온몸을 씻은 뒤 새옷으로 갈아 입어야 하는데 말이다.

아프고 피곤해서, 그리고 스스로의 바보짓이 얄미워서 오전 내 내 침대에 누워 있었다. 한숨 자고 나니 방 안에서 혼자 쉴 수 있다는 것만으로도 감사하다는 생각이 들었다. 강변에 있는 숙소의 경치도 좋고, 마당도 넓고, 방도 깨끗하고, 주변도 조용하여 편히 쉴 수 있으니 얼마나 좋은가. 나는 점점 더 작은 것에 감사하는 단순한 인간이 되어가고 있었다.

가이드북에서는 빡세에 대해 너무 나른한 곳이라 할 일도, 볼 것도 거의 없을 거라고 시큰둥하게 언급하고 넘어갔지만, 온몸에서 화산이 폭발하고 있는 환자에게는 나른히 쉴 수 있는 곳만큼 매력적인 곳도 없다.

한순간의 두려움이
평생의 후회를 낳는다

다음날 아침, 나는 어디로 가야 할지 알 수 없었다. 가이드북에서 제시하는 빡세-탓로Tad Lo-빡송Paksong-빡세 삼각형 일주 코스가 아름답고 재미있을 것은 분명하다. 그러나 고도표에 의하면 첫날은 끝없이 가파른 오르막길뿐이고, 둘째 날은 오르막길과 내리막길의 연속이다.

오르막길을 극도로 두려워하는 저질 체력 왕초보 라이더인 내가 과연 이 코스를 제대로 마칠 수 있을까? 언제부턴가 삐걱거리는 소리가 들리는 자전거가 무사히 그 험난한 길을 달려줄까? 이번에는 정말 나 혼자인데, 중간에 고장이라도 나면 어떡하지? 괜히 험한 꼴 보지 말고, 이 코스는 건너뛰고 짬빠싹Champasak으로 편하게 가는 것이 좋지 않을까?

나는 밥 먹을 때도, 숙소를 잡을 때도 이쪽으로 갈까, 저쪽으로 갈까를 수십 번씩 바꾸며 고민하는 소심한 인간이다. 사실 나는 내 20대도 그렇게 인생의 수많은 갈림길 사이를 방황하면서 흘려버렸다. 복잡한 인생에 비하면 볼라벤 고원을 갈지 말지 정도는 간단한 선택이어야 하는데 왜 이리 결정이 어려울까. 머릿속에서 '주여, 할 수 있다면 이 잔을 내게서 치워주옵소서!' 하는 구절이 자꾸 떠올랐다. 이럴 땐 가이드북을 펼치고 유혹적인 문구들을 찬찬히 읽으며 조용히 마음을 들여다보는 것이 최고다.

> 작열하는 태양에 지치지 않았는가? 시원한 산들바람, 수직으로 강하하는 폭포, 세계 최고의 커피를 품어내는 비옥한 토양, 그리고 카다몬, 바나나, 파인애플이 풍요로운 볼라벤 고원에서 기다리고 있다.

새로운 풍경에 대한 희망이 나를 잡아끌었다. 그래, 가다가 지치면 썽떼우를 잡아타든지 아무 트럭이나 세우고 히치하이크하면 되겠지. 소심하게 가능성부터 잘라버리지 말고, 일단은 가보자! 춤을 추면서 가방을 싸다 보니 다시 의욕이 솟았다. 지나가다 발견한 베트남 식당에서 푸짐한 덮밥을 1만 낍에 먹고, 갈림길에서 바게트 빵 5개를 사고 나니 기분이 좋아졌다. 1시간 정도 달리고 나니 몸의 컨디션도 회복되었다.

고원이 시작되는 길은 무척 아름다웠다. 검붉은 토양은 햇살을 뜨겁게 머금고 비옥함을 자랑했다. 닦은 지 얼마 되지 않은 도로는 매끄럽고 속력도 잘 붙었다. 가장 놀라운 것은 경사가 의외로 완만해서 한 번도 자전거를 끌고 올라갈 필요가 없었다는 것이다. 아침 내내 즐겁게 달리다 보니, 슬슬 웃음이 나왔다. 이곳에 오지 않았더라면 얼마나 억울했을까? 왜 그리 겁을 먹었을까? 이런 식으로 떠나보낸 인생의 기회들이 얼마나 많을까?

저 멀리 대장간 마을이 보였다. 수많은 대장장이 아저씨들이 길가 원두막 안에서 열심히 풀무질과 망치질을 하고 있었다. 반짝거리는 칼들의 행렬은 끝이 없었다. 곧 머리가 아플 정도로 더워져서, 가다가 멈추기를 반복했다. 점심을 먹은 후 풍경이 조금씩 변하더니, 커피 말리는 곳이 늘어났다. 고도 1,000미터를 넘어서자 구름에 가까이 닿은 듯한 느낌이 들었다.

볼라벤 고원의
풍요로운 커피향

탓판Tad Fane이라는 폭포는 보잘것없었지만, 그 옆의 리조트 마당에 외국산 자전거가 잔뜩 서 있는 것이 내 호기심을 끌어당겼다. 레스토랑으로 들어가 보니, 10명이 넘는 백인 중장년층 여행자들이 점심을 먹고 있었다.

이 미국인 그룹은 베트남 호치민Ho Chi Minh의 한 여행사에 의뢰하여 안락한 자전거 여행을 하는 중이었다. 짐과 각종 장비를 실은 미니버스가 이들을 뒤따르며 돌봐주기 때문에 내킬 때만 자전거를 타고, 힘들면 버스에 올라타면 그만이었다. 이들은 이렇게 동남아 4개국을 2주간 여행 중이었다. 자전거는 모두 미국에서 가져왔는데, 주로 로드바이크이고, 미니벨로도 많았다. 험한 산악길을 주로 다니면서도 산악자전거는 한 대도 없었다. 일행중에는 뚱뚱한 사람도 있었고, 75세의 어르신도 있었다. 최고령 할아버지는 1시간 반 이상 처져서 달리긴 하지만 하루 할당된 거리를 반드시 자전거로 달린다고 했다.

호치민의 여행사 사장은 딱 보기에도 성공한 사업가 같았다. 사업이 잘 되느냐고 물으니까 무척 잘 된다고 자랑스럽게 말했다. 이런 고급 자전거 여행은 캐나다인, 미국인, 호주인 실버 세대가 주 고객이다. 나이가 들어서 안전을 추구하긴 하지만, 끝까지 도전 정신을 버리고 싶지 않은 사람들일 것이다.

이들은 점심을 먹은 후 빡세로 내려가고, 나는 계속 빡송으로 오르막길을 올라갔다. 1시간 뒤, 이 그룹에서 가장 뒤처진 최고령 멤버가 맞은편에서 달려오는 것을 보고 반갑게 손을 흔들었다.

"와, 드디어 오셨군요! 당신 친구들을 봤어요!"

"영어를 잘 하네요. 대체 영어를 어디서 배웠나요?"

"아, 네, 고마워요. 학교에서 배웠지요."

이때부터 기분이 약간 이상하긴 했는데, 다음 질문이 압권이었다.

"라오스에서는 학교에서 영어를 배우는 일이 흔한가요?"

"전 한국인이에요! 라오스에서 여자 혼자, 그것도 자전거로 여행하는 걸 보셨나요?"

이런 식으로 여행하는 사람들이라면 당연하다는 생각이 들었다. 그 미국인들은 먹는 것도, 자는 것도 모두 베트남인 사장의 예약에 의존하지 않는가. 하루 종일 자기네들끼리만 이야기하니, 현지 문화에 대해 알 리가 없었다. 아무리 그래도 그렇지, 자전거 쫄바지 위에 스포츠 반바지를 껴입고, 헬멧을 쓰고 MTB를 타는 내가 대체 어딜 봐서 라오스인으로 보이느냐고 묻고 싶었다. 라오스에서 여자가 어떻게, 이런 자전거 가방을 매달고 여행할 수 있다고 생각한단 말인가! 혼자 좌충우돌 헤매면서 현지 문화를 배워가는 내가 갑자기 자랑스럽다는 생각이 들었다.

늦은 오후가 되자, 당장 비라도 쏟아질 것처럼 하늘이 어두워졌다. 빡송을 10킬로미터 앞둔 지점에서 손 흔드는 아이들의 사진을 찍고 있는데, 새로 지은 듯한 번듯한 나무 집에서 청년 2명이 나왔다. 집으로 들어오라고 내게 손짓하는데, 도중에 '카오'라는 단어가 여러 번 나왔다. 밥 먹고 가라는 소리인 것 같아 따라들어갔다.

눈썹이 짙고 초콜릿처럼 매끈한 피부를 가진 잘생긴 청년이 가죽소파에 나를 앉히더니, 컵 가득히 물을 따라주었다. 테이블 위에는 빈 물병이 수십 통 뒹굴고 있고, 반대편 소파에는 봉두난발 청년이 누워 있다가 게슴츠레 눈을 뜨는데 술에 취한 듯 눈이 풀려 있었다. 이게 무슨 상황일까? 잘생긴 청년은 밥 줄 생각은 않고 뭐라고 열정적으로 이야기하는데 알아들을 수가 없었다. 봉두난

메콩강 유역 마을마다 볼 수 있는 탁발 풍경. 스님들이 맨발로 줄을 서서 지나가면, 미리
와서 무릎 꿇고 기다리고 있던 신자들이 경건한 마음으로 보시를 한다

발 청년이 아는 영어 단어는 30개쯤 되는 것 같은데, 아주 가끔 아는 단어가 나오면 그 단어만 통역해주었다. 제스처와 단어들을 종합해보니, 잘생긴 청년은 빡세에서 경찰관으로 일하는 모양이었다.

그런데 자꾸 벽에 걸려 있는 부모님 결혼사진을 가리키고 "까올리", 즉 한국 사람이 어쩌구 저쩌구 하며 내게 진한 눈빛을 보내오는 게 아닌가. 한국인과 결혼하고 싶다는 뜻일까? 갑자기 식은땀이 흘러 얼른 그 집을 나왔다.

다시 길을 나섰다. 안장 부위의 통증이 거북해질 무렵, 경사도가 조금씩 완만해지더니 길이 완전히 평평해졌다. 드디어 빡송에 도착한 것이다. 가이드북에 의하면 3~5시간 걸릴 거리지만, 나는 8시간 만에 도착했다. 자축을 해야 할 것 같아 숙소 근처 식당들을 둘러보았지만, 쌀국수밖에 없었다. 어쩔 수 없이 헬멧에 라이트를 부착하고 다시 빡송 초입의 삼거리 레스토랑까지 자전거를 타고 나갔다. 빗방울을 맞으며 길을 돌아간 보람이 있었다. 큼직하고 반찬 많은 볶음밥을 먹고 다른 곳의 반값밖에 안 되는 3,000낍짜리 빡송 특산물 커피까지 마실 수 있었다.

빡송 커피가 전 세계 일품 커피 중 하나라는 가이드북의 말대로 진하고 맛있었다. 50킬로미터나 되는 기나긴 오르막길을 달리면서 고도를 1,100미터나 올린 기록적인 날이라 커피향도, 커피 맛도 무척 감미로웠다.

봉고차 한 대로
세계를 일주하다

  숙소로 돌아오다가 호수 옆 식당에서 중년의 서양인 1명이 혼자 맥주를 마시고 있는 것을 보았다. 그에게 다가가 가볍게 인사를 한 뒤, 형식적인 질문을 했다.

  "여기까지 어떻게 오셨어요?"

  "내 차로 왔지요."

  아니, 여행자가 '내 차'라니 무슨 말인가?

  "하하, 정말이에요. 저기 마당에 세워진 흰 차가 제 차예요."

  "어머나! 얼마나 여행하셨어요?"

  "5년 반요."

  앗! 두 대답 모두 너무나 심상찮다.

"저, 아저씨랑 맥주 좀 마셔야겠어요. 앉아도 될까요?"

그가 너털웃음을 지으며 맥주를 1병 더 주문했다. 그의 이름은 마르쿠스, 국적은 스위스, 나이는 54세, 직업은 소프트웨어 엔지니어이다. 일만 하다 보니 은행에 돈이 너무 많이 쌓여 여행을 결심했다고 한다. 그럼 아저씨는 일벌레? 아니다. 항상 몇 달짜리 프로젝트를 마친 뒤 1년에 몇 달씩 여행을 다니고 있다. 심지어 지중해의 요트 안에서 1년 반 산 적도 있다.

이번엔 주로 차 안에서 자고, 가끔 이런 게스트하우스 마당에 주차한 뒤 하루에 5,000낍 정도 내고 화장실과 샤워 시설을 쓴단다. 주유소 마당에서 자는 것도 좋다고 했다. 이번 여행은 반년 안에 끝날 것 같은데, 다시 스위스로 돌아가면 10년 정도는 일할 것 같다고 한다.

"여행을 다니다 보면 어떤 곳은 물가가 싸고, 어떤 곳은 날씨가 좋고, 어떤 곳은 자연이 기막히게 아름다워요. 하지만 어떤 곳에서도 영원히 이방인일 뿐, 현지인처럼 살 순 없다는 걸 잘 알아요. 그곳이 싸다는 이유만으로 머무르면 점점 게을러지고 세상이 두려워져서 평생 싸구려 인생이 될 수 있어요. 날씨가 아무리 좋아도 나는 때로는 비와 눈, 선선한 바람을 원하는 사람이란 걸 잘 알아요. 여행은 여행으로만 만족하고, 일할 땐 열심히 일할 수 있는 내 인생에 감사해요."

"이 작은 차로 시간 공간의 제약 없이 새처럼 자유롭게 다녀요." 봉고차를 개조한 차에 모든 짐을 싣고 전 세계를 5년 반 동안 여행하고 있는 자유로운 영혼 마르쿠스

　자신을 잘 아는 그는 결혼한 적이 없고, 나이 든 많은 서양 남자들이 그러는 것처럼 젊은 아시아 여자와 결혼할 생각도 해본 적이 없다. 그에게는 아이도 없다. 그래서 아무런 문제가 없다고 말하는 그의 평화로운 표정을 보니 공부를 많이 한 선승 앞에 앉아 있는 듯한 기분이었다.

　그는 봉고차를 개조하여 뒷좌석을 침실로 만들었는데, 침대, 부엌이 갖추어져 있어 혼자 여행하기에 알맞았다. 지붕 위에는 카약과 자전거가 실려 있었다. 그가 여행하면서 쓰는 돈은 자동차 연료비와 대륙에서 대륙으로 이동시 배로 부치는 비용이 거의 전부이다.

"이 작은 차로 시간과 공간의 제약 없이 새처럼 자유롭게 다녀요. 가다가 경치가 좋으면 그 즉시 멈춰 의자를 꺼내놓고 커피를 갈아 마시며 책을 읽죠. 졸리면 그냥 자요. 강을 만나면 카약을 타고, 멋진 길을 만나면 자전거를 타죠. 가장 좋은 점은 축제가 있어서 호텔이 만원이거나, 성수기라 가격이 비싸져도 상관없다는 거예요. 난 언제나 나의 속도로 움직일 수 있어요."

자동차가 인적 드문 곳에서 고장 나면 어떻게 하느냐니까, 5년 반 동안 펑크가 1번 난 것 외엔 아무런 일이 없었다고 했다. 더 놀라운 것은 자동차 펑크 수리가 자전거 펑크 수리보다 쉽다는 것이다.

스페인의 까미노 데 산티아고에서 만났던 폴란드 태생의 할아버지가 생각났다. 유난히도 눈이 반짝거리고 낙천적인 사람인 것 같아 인생 이야기를 들려달라고 부탁했는데, 그의 이야기는 생각보다 더 파란만장했다.

그의 인생이 바뀐 첫 번째 경험은 젊은 시절, 폴란드에서 독일로 도망쳐 나올 때였다. 머리에 총구가 겨누어졌던 순간, 그는 살게 된다면 평생 아무것도 두려워하지 않고 철저히 즐겁게 살기로 굳게 결심했다. 그의 두 번째 큰 경험은 마흔이 넘은 나이에 인생을 재설계해야 할 것 같아 캐나다로 이민을 간 것이었고, 세 번째는 육지의 모든 것을 정리하고 요트 안으로 이사 가서 9년간 물 위를 여행하며 산 경험이었다.

"절대로 '문제가 있다'는 말을 해서는 안 돼. 절대로 '어렵다'는 말을 해서도 안 돼. 어려울지는 몰라도 반드시 해결책이 있단다."

그분이 말해준 주옥같은 명문장들은 지금도 내 가슴속에 새겨져 있다. 사과 한 알을 보아도, 포도 한 송이를 보아도 "이 탱탱한 알을 좀 봐! 얼마나 즙이 많고 맛있겠니!" 하고 감탄하던 천진난만한 할아버지. 충실하게, 최선을 다해 살고 있는 그의 삶이 내게는 위대한 예술품처럼 느껴졌다.

세상이 힘들어도, 나이를 먹어도 최선을 다해 자신과 세상을 발견하며 삶에 감사하는 이런 사람들을 만나는 것은 값진 경험이다. 이런 도인 같은 여행자들을 만나 인생 이야기를 나누다 보면 내 좁은 마음속에서 이 길로 갈까 저 길로 갈까 요동치던 소용돌이는 잦아들고, 한 마리 새처럼 자유롭게 날아다니고 싶은 꿈만 남는다.

인생은
얼마나 아름다운지

　빡송에서 탓로로 가는 길은 30킬로미터가 넘는 돌멩이투성이 비포장길이었다. 가이드북의 표현에 따르자면 모험의 날이었다. 포장도로를 벗어나 비포장도로로 접어들어 10여 분 달렸을 무렵, 어찌나 길이 울퉁불퉁하고 자전거가 삐걱거리는지, 늦기 전에 돌아가야 할 것 같았다. 그때, 뒤에서 흰 교복을 입은 여학생들이 내 옆으로 지나갔다. 치마 입은 학생들이, 엄청나게 소리가 나는 낡아빠진 자전거를 타고도 잘만 가는 모습을 보니 기어도 브레이크도 멀쩡한 외제 MTB를 탄 내게 설마 문제가 있겠느냐는 생각이 들었다.

　어느 순간, 한 여학생이 지나가서 나는 그 뒤를 바싹 붙어 쫓아가 보았다. 매일 통학하는 학생이다 보니 엄청나게 파인 길의 어느 부분이 그래도 가장 괜찮은지 잘 알고 있을 것 같아서였다. 한참 뒤를 따라가니 마을이 나왔다. 온 마을 사람들이 나와서 나를 구경하고, 여학생은 의기양양하게 마을 사람들에게 나를 소개했다.

몇 시간 후 포장도로로 빠져나오고 나서 나는 온몸이 황토로 뒤덮여 갈색으로 변한 나와 자전거를 사진에 담았다. 이후로는 선선한 오후의 미풍을 받으며 내리막길을 신나게 달려 탓로에 도착했다. 다리를 건너니 현지인들이 사는 동네가 나오고, 대나무로 허름하게 지은 하루 2만 낍짜리 방갈로가 여러 개 나타났다. 숙소도 식당도 싸고 친절해서, 가이드북에서 '배낭족들의 은신처'라고 표현할 만한 곳이었다. 그날 밤, 하늘에서는 찬란한 별들이 쏟아졌다. 폭포 소리와 벌레 소리, 서늘한 바람, 자연 속에 푹 파묻힌 대나무 방갈로가 한데 어우러져 완벽한 밤을 만들어냈다.

다음날 새벽, 어슴푸레하게 밝아오는 길을 산책했다. 다리 밑에서 부지런한 아이들이 벌써 그물을 치고 물고기를 잡고 있었다. 아침 식사를 하려는데, 내 이웃 방갈로에 묵던 중년 커플이 나타났다. 어제 이곳에 도착했을 때 환한 미소로 반겨주며 "이곳이 좋아서 3일이나 머문다"고 했던 사람들이었다. 그 미소가 환하고 '나'와 '너'의 경계마저 없는 듯 풀려 있어서, 행복해지는 약을 너무 많이 먹은 게 아닌지 잠시 의심할 정도였다. 부부는 아닌 것 같은

데, 50대로 보이는 중년의 남녀가 조그만 대나무 방갈로 앞에 다정하게 붙어 앉아 끊임없이 이야기를 나누는 것도 이상해보였다.

팬케이크를 먹으며 이 독일인들의 놀라운 인생 이야기를 들었다. 남자는 원래 광학 기술자였다. 그러나 30대 중반에 오토바이 사고를 당해 뇌 속의 운동신경이 완전히 망가졌다. 의사들은 그가 다시는 걸을 수 없다고 선언했지만, 그는 젊은 나이에 모든 것을 포기할 수 없었다. 그래서 2년간 매일 간절히 기도하면서 스스로 움직이려고 갖은 애를 썼다.

의사들은 "자꾸 그렇게 넘어지면 서로 불편하지 않습니까? 다시는 걸을 수 없으니 제발 포기하세요!" 하고 그를 협박했지만, 그는 노력을 계속했다. 놀랍게도 운동 능력은 조금씩 회복되었고, 2년 후 스스로 걸을 수 있게 되었다.

지금 보면 건강하고 아무런 장애도 없어 보이는 이 사람에게 그런 절망적인 시기가 있었다는 것을 누가 상상할 수 있겠는가. 하지만 그는 사고 직후 법적으로 장애인으로 분류되었고, 일을 그만두고 연금을 받아 생활하게 되었다. 그는 억울하다는 생각을 바꿔, 이제 남은 인생 동안 일하지 않아도 즐겁게 여행 다닐 수 있다고 생각하며 살고 있다. 자신이 기적적으로 치유된 이후 어떤 큰 힘을 믿게 되었기 때문에, 그 힘을 필요로 하는 다른 사람들도 최대한 도와야 한다고 믿는다. 그 때문에 거지와 탁발승들을 볼 때마다 보시를 하는 한편, 시민운동과 각종 집회, 시위 등의 사회개선 활동에도 적극 참가한다.

그의 파트너인 여인은 현재 47세이며, 직업은 역시 연금생활자이다. 이 여인도 35세 때 사고를 당해 정상적인 생활을 할 수 없다고 판정받은 것이다. 어떤 미친 남자가 이 여인의 집에 침투하여 20시간 동안 그녀를 감금해놓고 때렸고, 몸과 마음이 다 망가진 그녀는 사회복지사라는 직업을 잃었다. 일을 그만두자 사람도 만나기 싫고, 스스로의 신세가 한심해서 두문불출하였다. 그녀가 연금생활자라는 자신의 상태에 적응하기까지는 10년이 걸렸다. 지금은 그녀도 운좋은 인생을 살고 있다고 생각한다.

비슷한 인생 역정을 걸어온 이 둘은 결혼하지 않고 6년 반 동안 함께 살아왔다. 결혼만 하면 애정이 식고 다양한 문제들에 휩싸이는 커플들을 많이 보았기 때문이다. 거리 조절을 잘 해서인지, 이 커플은 지금도 부부가 아니라 연인처럼 보인다.

이들과 아침을 먹은 마마 식당은 구조도 그렇지만, 드나드는 사람들과 동물들도 재미있는 곳이었다. 집이 커다란 홀 하나로 되어 있는데, 그 바깥 테라스에 손님들이 앉아 식사를 하고, 그 와중에 문으로는 각종 동물이 끊임없이 들락거렸다. 집 안에 닭과 개는 항상 몇 마리씩 들어와 있는데, 독일 여인의 말에 의하면 어제는 엄청나게 큰 소가 들어와 있었다고 한다.

바쁜 아침인데도 마냥 한적하고 느긋한 시골 마을 탓로의 풍경

　주위 풍경도 재미있었다. 큰 채소 광주리를 머리에 인 채 긴 곰
방대로 뻐기듯 담배를 피우는 아주머니, 장사하는 건지 산보하는
건지 알 수 없을 정도로 느긋하게 다니는 여인, 닭 2마리를 꼭 껴
안고 역시 장사하는 건지 산보하는 건지 알 수 없을 만큼 천천히
걸으며 이야기 나누기에 바쁜 할머니 등 시골 마을 냄새가 진했
다. 덕분에 아침을 2시간 동안 먹고 말았다! 여행자들이 하나둘씩
계속 모여들어 이야기는 점점 더 재미있어졌지만, 나는 아쉬움을
뒤로 하고 떠날 수밖에 없었다.

광속질주명상

그 전날 신나게 내려온 10킬로미터짜리 오르막길을 다시 올라갔다. 가이드북에서 권하는 대로 소달구지나 썽떼우를 타고 싶었지만 도로에는 나 혼자뿐이었다. 큰 소리로 노래를 부르며 페달을 밟다 보니 어느새 정상에 도착했다.

거기서부터 기나긴 내리막길이 시작되었다. 시속 35킬로미터가 넘으면 눈물이 나기 시작하면서 정신이 똑바로 든다. 심할 때는 시속 50킬로미터에서 60킬로미터를 왔다 갔다 하면서 평균 시속 40킬로미터의 속력으로 거의 2시간을 쉬지 않고 달려 내려갔다. 인적이 드문 정자에서 쉬는데, 기분이 묘했다. 달려오면서 보고 느낀 모든 공간과 시간이 이어져 있는 것 같았다. 어떤 풍경이 먼저였는지, 길이 어떤 순서로 흘러갔는지 분간이 되지 않았다. 모든 순간, 모든 공간에 내가 편재했던 것 같은 느낌마저 들었다. 상대성이론에 의하면 빛의 속도로 달릴 때 일어나는 현상 아닌가.

그 어느 때보다도 생생하게 깨어 있었고, 풍경과 내 몸에 대한 지각들은 있었지만, 에너지를 근육 운동에 모두 써버려 대뇌 피질까지 정보가 전달되지 못했거나, 소뇌와 변연계로만 움직이는 야생동물이 되었거나, 혹은 신성을 관장하는 측두엽 부위가 활성화되어 만물이 하나 되는 느낌을 갖게 된 것인지도 모른다. 분명한 것은 자전거로 달리면서 깊은 명상에 빠져든 것과 같은 체험을 했다는 점이다.

고등학교 국어 교과서에 '사피어-워프 가설'로 등장하는 미국의 언어인류학자 워프는 사고가 언어의 영향을 받는다고 했다. 그는 호피 인디언의 언어가 영어보다 훨씬 과학적이며, 영어보다 '진보된' 방식으로 생각할 수 있는 언어라고 믿었다. 우리말을 포함한 대부분의 언어가 그렇듯이 영어에서도 공간과 시간이 구분된다. 시간은 한 방향으로 진행되며 과거, 현재, 미래로 나뉜다. 그러나 호피어에서는 우주가 공간과 시간이 아니라 객관적 형태와 주관적 형태로 구분된다. 객관적 형태는 감각을 통해 경험하는 물리적 우주 및 과거와 현재를 포함하고, 주관적 형태는 우주의 정신을 포함하여 마음속에 존재하는 것과 미래를 가리킨다.

황톳길을 하루 종일 달렸던 날. 온몸과 자전거가 누렇게 변했다

　　나는 이날 호피 인디언의 언어로 주관적인 우주의 정신을 만난 것은 아닐까. 시공간을 하나로 지각하며 미래와 우주의 정신 속에서 하나가 되어 달리고 싶은 소망이 나를 그렇게 이끌었는지도 모른다. 이 체험을 통해 나도 조금이나마 주관적인 우주에 다다를 수 있을지도 모른다는 희망을 품게 되었다.

4부

라오스 짬빠싹Champasak 돈콩Don Khong 돈뎃Don Det 빡세Pakse

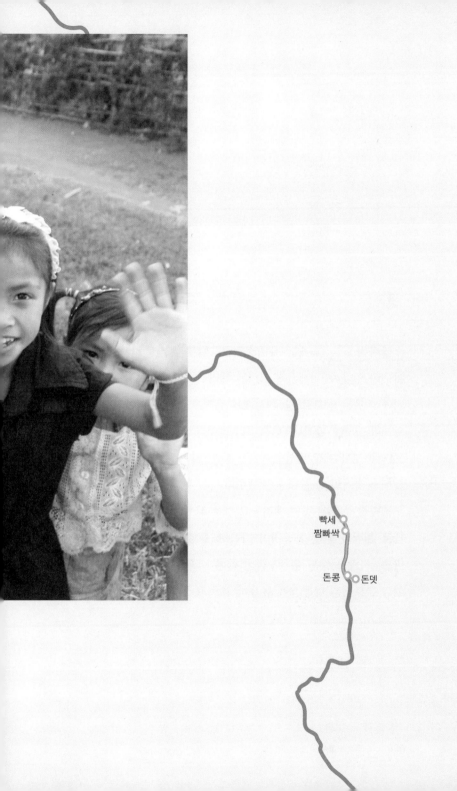

빡세
짬빠싹

돈콩 돈뎃

같은 방향으로
가는 사람들

짬빠싹Champasak에는 유네스코 세계문화유산으로 지정된 왓푸 사원이 있다. 6~8세기에 이르는 첸라 왕국 시대부터 9세기~13세 기에 이르는 앙코르 왕국 시대의 유적으로, 캄보디아의 앙코르와 트보다 200여 년 앞서 만들어진 곳이다. 당시에는 인도차이나 반도 남쪽에서 가장 번성했던 곳이지만, 지금은 낡고 소박한 집들이 늘어선 강가의 작은 마을일 뿐이다.

소박한 숙소에 짐을 내려놓고 왓푸 사원으로 향했다. 뙤약볕 아래로 펼쳐진 나른한 풍경이 마음에 들었다. 패인 부분을 덧대어 바느질하듯 보수한 우둘투둘한 좁은 시골길 오른쪽으로는 비단결처럼 부드러운 메콩강이 유유히 흐르고 있다. 하루 종일 이 풍경

유네스코 세계문화유산으로 지정된 왓푸 사원의 돌길. 동남아에서 최고로 번성했던 이 도시의 중심 사원답게 한때는 웅장한 규모를 자랑했지만, 지금은 잡초만이 무성하다

을 바라보며 달려온 내 속에서도 어떤 충만함이 흘렀다.

　다음날 아침, 날이 채 밝기도 전에 자전거를 달려 부둣가로 갔다. 서양인 남자 1명, 여자 2명이 자전거를 끌고 가고 있었다. 곧이어 사람 4명과 자전거 4대가 아슬아슬하게 좁은 뗏목에 올라탔다. 조금도 움직일 공간이 없어 서로의 자전거 한 부분씩을 잡고 우리는 서 있어야 했다. 그러고는 해가 뜨는 메콩강을 바라보며 새벽부터 자기소개를 했다.

오드리 헵번 혹은 아멜리에를 닮은 귀여운 이베트는 환경 컨설턴트로 일하다가 최근까지 에너지 절약 NGO에서 일했다. 프랑스인이지만 런던에서 캐롤린과 함께 살고 있다. 단발머리 주근깨 캐롤린은 영국인이고, 런던에서 법률중재인으로 일한다. 이베트는 나와 동갑이고, 캐롤린은 나보다 한 살 더 많다. 중년의 프랑스 아저씨 장은 10일쯤 전 길에서 이들과 만나 함께 여행하는 중이었다.

보트에서 내려 자전거를 타고 가는데, 캐롤린이 내 옆에 붙어서 끊임없이 말을 걸었다. 다정하게 말을 걸어주는 것은 고마웠지만, 보조를 맞추느라 신경 쓰며 달리다 보니 영어가 빨리 튀어나오지 않았다. 이 고요한 아침 길은 조용히 집중하면서 달려야 제맛이라, 미안하지만 나는 일부러 뒤로 처졌다.

1시간 뒤 식당에서 커피를 함께 마신 후 혼자서 메콩강을 따라 106km를 달렸다. 오후 2시경, 씨판돈으로 가는 부두에 도착하여 나룻배로 강을 건넜다. 드디어 씨판돈의 중심인 돈콩Don Khong 섬에 도착한 것이다. 씨판돈은 4,000개의 섬이라는 뜻이다. 라오스 최남단에서 메콩강이 바다처럼 넓게 갈라지는 11km의 구간에 흩뿌려져 있는 작은 섬들인데, 바다에 도달하려면 1,000km도 넘게 흘러가야 할 강의 중류에 이런 지형이 있다는 것이 놀랍기만 했다.

돈콩 섬 부둣가 근처 식당에 들어가 천천히 밥을 먹고 나니 5시 반. 캐롤린네 그룹이 나를 보고 반갑게 달려왔다. 낮잠을 자고 나온 이들과 막 식사를 마친 나는 기운이 넘쳐 기나긴 대화를 즐겁게 시작했다.

프랑스인 장은 배관공이다. 동남아를 자전거로 여행하는 것이 오랜 꿈이었던 그는 2,000달러가 넘는 자전거를 준비하고, 부품과 장비도 최고의 것으로 정성을 다해 마련했다. 3명 모두 가방이 작았는데, 장은 그 작은 가방 속에 각종 공구, 일정표, 계산기, 심지어 좋아하는 베개까지 모든 것을 알차게 준비해서 갖고 다녔다.

이베트와 캐롤린은 여행에 가장 적합한 자전거를 사기 위해 최고의 자전거 제조국인 독일로 건너가 노란 투어링 바이크를 사왔다. 400달러밖에 안 되는, 구조가 단순한 자전거다. 본체가 쇠로 되어 있어서 부러져도 아무 데나 가서 용접하면 되고, 구조가 단순해서 쉽게 고칠 수 있다. 단점은 쇠이기 때문에 무겁다는 것이다.

이베트는 프랑스 알자스 출신인데, 화학을 전공했다. 나도 학부 때 화학을 전공했고 환경 문제에 관심이 많았지만, 이미 우리의 인생은 다른 방향으로 가고 있다. 그녀는 20대에 〈무슨무슨 신재생에너지공법이 무슨무슨 생태계에 미치는 영향〉이라는 논문으로 학위를 받은 박사이다. 처음에는 환경기술 컨설턴트로, 그 다음에는 정책 쪽에서, 그 다음에는 환경 NGO에서 일하며 환경과 관련된 모든 종류의 경력을 탄탄하게 쌓고 있었다.

나는 대학 2학년 때 머리를 밀고 인도로 떠났고, 20대 내내 방황하며 수없이 직업을 바꾼 뒤 이 나라 저 나라를 떠돌아다녔지만, 이베트는 대학 2학년 때 영국에 교환학생으로 갔다가 프랑스보다 여건이 좋아 석사, 박사 과정을 일사천리로 마쳤다. 캐롤린도 석사학위를 2개나 가진 똑순이었다. 학부 전공은 프랑스문학과 독일문학이며, 첫 번째 석사는 독일문학 전공으로 받았다. 그후 직장 생활을 하다가 다시 학교로 돌아가서 국제개발학으로 다시 석사학위를 받았다.

이 둘은 모두 채식을 한다. 이유를 물어보니, 10년 전 내가 채식을 시작했을 때 꼽았던 3가지 이유와 정확히 같은 이유를 댔다. 건강, 영성, 지구의 에너지 절약을 위해서다. 이 둘도 요가를 하며 캐롤린은 최근에 인도에서 강사 자격증까지 땄다. 요가강사로 직업을 바꾸고 싶어서란다. 나도 요가강사 자격증이 있지만, 자격증 따는 취미가 있어 해본 것이라는 점에서는 다르다.

이번 여행은 둘 다 직장을 그만두고 하는 것이다. 벌써 1년이 되어 가는데, 인도에서만 8개월 머물렀다. 런던에서 터키의 이스탄불까지는 기차를 타고 갔고, 육로로 이라크를 넘어갈 수가 없어 비행기를 타고 인도로 갔다. 반년 후 집에 돌아갈 때는 베이징에서 기차를 타고 출발할 계획인데, 1주일 정도 잡는다고 했다.

나도 인도를 4번 여행했고, 여행기간을 다 합치면 11개월 정도 된다. 얘기하면 할수록 우리 셋의 공통점이 보였다. 내가 가장 소중히 여기는 문제들에 대해 이렇게 비슷한 생각을 하고, 실천까지 뚜렷하게 해온 친구들을 만난 것은 처음이었다.

똑똑한 이 친구들이 갑자기 질문을 쏟아내기 시작했다. 지금까지 기회가 없어 한국에 대해 배운 것도, 들은 것도, 한국인과 이야기해본 적도 없다는 것이다. 한국 음식과 불교에 대해 말했더니, 한국에 꼭 가고 싶다고 입을 모았다. 내가 외국인들을 이끌고 가이드할 수 있는 자격증이 있다고 했더니, 왜 그걸 썩히느냐며 아쉬워했다. 내가 가이드하면 외국인들이 금세 한국을 사랑하게 될 거라고 말해주어서 기뻤다.

라오스의 정치와 사회 인프라 등에 대해서 이야기를 나누다 보니 밤 9시가 되었다. 오랜만에 깊이 생각하고 토론하며 공감하는 기쁨을 느꼈다. 이 친구들의 훌륭한 점은 대화에서 그 누구도 소외되지 않게 하려고 프랑스어로 대화할 땐 영어로, 영어로 대화할 땐 프랑스어로 둘 중 하나가 살짝, 섬세하게 통역을 해준다는 점이다. 장은 영어를 못하고 나는 프랑스어를 못 하지만 분위기가 항상 화기애애했던 것은 바로 이들의 섬세한 노력 덕분이었다.

우리는 매일 점심과 저녁, 오후 커피와 스낵을 함께 먹으며 4일을 보냈다. 그 중 하이라이트는 카약을 타고 돌고래 서식지를 본 것이다. 가이드북에 의하면 돈뎃Don Det에서는 멸종 위기에 있는 이라와디 돌고래와 폭포 2곳을 꼭 봐야 한다. 카약을 타고 이 섬을 한 바퀴 돌면서 돌고래도 보고 폭포도 구경하면 어떨까 하는 생각에 현지 여행사에 가보니 정말 그런 프로그램이 있었다. 문제는 최소한 3명이 되어야 한다는 것.

캐롤린네 그룹을 찾아가 유혹했더니, 안 그래도 자신들도 이런 프로그램을 찾고 있었단다. 다음 날 아침, 우리는 가이드와 보트맨들을 만나 노 젓는 연습을 한 뒤 본격적으로 강으로 나가 노를 젓기 시작했다. 매일 다리 근육만 쓰다가 오랜만에 팔 근육을 쓰니 온몸에 기운이 넘쳐흘렀다. 몸도 정신도 탱탱한 근육질인 친구들과 함께 호흡을 맞춰 노를 저으며 자연에 가까운 섬 이곳저곳을 탐험하니 더욱 신이 났다.

가이드 '애'의 인생 이야기도 흥미로웠다. 애는 10년 전까지만 해도 돈콩에 사는 농부 겸 어부였다. 돈뎃 출신의 여자와 결혼한 뒤, 돈뎃에도 관광객이 오기 시작한다는 소문을 듣고 이곳에 정착했다. 그는 1주일에 5시간씩 학교에 가서 1년 반 동안 영어를 공부했고, 과외교사를 고용하여 1개월간 집중적으로 회화 연습을 했다. 그후 관광객들이 많이 오는 식당에서 서빙하면서 영어를 연습했다.

그의 안목과 성실한 노력이 결실을 맺어, 지금은 게스트하우스 2개, 카약 5개, 자전거 몇 대를 가진 사장이 되었다. 카약은 라오스에서 구할 수 없기 때문에, 태국의 수도 방콕까지 가서 구입한

여행 중 먹었던 음식들. 곤충 튀김, 비빔국수, 덮밥, 볶음밥, 쌀국수, 야자, 떡과 튀긴 전병, 바나나 팬케이크, 볶음국수, 진한 베트남 커피 등 메콩강 지역에는 싸고 맛있는 음식들이 넘친다

뒤, 기차와 버스로 직접 들고 왔단다. 그의 서글서글한 관상과 맑은 눈빛을 보면 사람들에게 신뢰받고 사업도 성공하는 것이 당연해보인다.

이곳이 어떻게 변해가고 있느냐고 질문하자, 그는 전기 이야기부터 꺼냈다. 전기가 들어오지 않아 오랜 세월 각 집에서 발전기를 돌렸는데, 3개월 전부터 이곳에도 전기가 들어오기 시작했단다. 마음껏 TV도 보고 음악도 듣는 바야흐로 현대적인 생활이 시작되어 마을이 축제 분위기라고 했다.

이윽고 이라와디 돌고래가 자주 출몰한다는 조그만 무인도에 도착했다. 유영할 때 웃는 표정을 짓는다고 해서 '웃는 돌고래'라고 알려진 이라와디 돌고래는 머리가 둥글고 주둥이가 없는 게 특징이다. 한때 메콩강에는 수천 마리의 이라와디 돌고래가 살았지만, 지금은 이렇게 제한된 구역에 가야 볼 수 있다. 돌고래 가족이 여러 번 뛰어올랐지만, 제대로 보기에는 시간이 짧았다.

카약이 2인용이라 계속 파트너를 바꿔가며 앉았는데, 이베트는 나와 앉을 때마다 잠시도 쉬지 않고 이야기를 건넸다. 이베트는 언제나 눈썹을 올렸다 내렸다 하며, 근육질 팔을 절도 있게 흔들어가며 정열적으로 말했다. 그녀에게 언젠가 자전거로 이탈리아와 프랑스 곳곳의 와이너리를 다니며 맛있는 여행을 하고 싶다고 하자, 좋은 생각이라고 박수를 쳤다. 오기 전에 꼭 알려달라며, 자신이 각 길의 고도, 숙박 지점, 특산물과 음식 등 모든 정보를 다 제공할 것이며, 주말이나 휴가를 이용하여 구간구간 동참하겠다고 했다. 그녀에게도 한국에 와서 백두대간을 한 바퀴 돈 뒤, 일본-한국-중국-유라시아 대륙횡단을 하라고 했더니 재미있을 것 같다며 눈을 반짝였다.

마지막 폭포를 본 뒤, 돌아오는 카약의 좌석을 배정했다. 보트맨들이 타고 있던 카약 뒤에는 라오스의 위스키인 '라오라오'가 묶여 있었다. 나와 이베트가 이 카약에 함께 타게 됐는데, 보트맨이 라오라오를 빼가려는 것을 우리는 누가 먼저랄 것도 없이 몸을 던져 사수했다. 해질 무렵, 메콩강을 건너 숙소로 돌아오면서 우리는 수없이 길 위에, 아니 물 위에 멈춰섰다. 끊임없이 이야기를 하다가 깊이 공감할 때마다 이베트가 잽싸게 술병을 꺼내 뚜껑에 위스키를 따라주었다. 한 뚜껑씩 마신 뒤 프랑스의 똘레랑스에 대해서 이야기하고, 또 한 뚜껑 마신 뒤 이 길이 맞는지 확인하고, 또 한 뚜껑 마신 뒤 프랑스의 은근한 인종차별에 대해 이야기하고, 길을 잘못 들었다고 위로하느라 또 한 뚜껑을 마시는 식이었다. 토속주에 알싸하게 취해 메콩강을 건너고 나니 하루가 그렇게 충만하게 느껴질 수가 없었다. 마지막 라오라오 한 뚜껑을 마실 때, 이베트가 말했다.

"우리가 같은 방향으로 가는 사람들인 거 알지? 새로 알게 된

것, 새로 하게 된 것이 생기면 서로 꼭 알려주자. 항상 연락하자,
꼭!"

여행 중에 귀한 보너스가 있다면, 국적도 인종도 다르지만 같은
방향으로 힘껏 달려가는 친구를 얻을 수 있다는 점이 아닐까.

지속 가능한
삶의 방식을 찾다

　최근 몇 년간 책임여행, 윤리적인 여행, 느린 여행 등 다양한 '여행 운동'들이 언론의 주목을 받고 있다. 대부분 영국에서 시작한 개념이고, 영국의 NGO에서 주도하는 운동들이다. 실제로 그런 강령에 따라 여행하는 사람들을 만나고 연구하고 싶어 영어로 된 책도 사고 인터넷도 찾아보았는데, 알고 보니 영국 런던에서 왔다는 젊은이들이 바로 그런 인물들이었다. 왜 자전거로 여행하느냐는 내 질문에 이베트는 머뭇거리지 않고 대답했다.

　"난 탄소 배출량을 줄이기 위해 자전거로 여행해!"

　이베트는 자전거 여행은 화석 연료를 사용하지 않아도 되고, 다른 사람들에게 의지하지 않아도 되고, 멈추고 싶을 때 멈출 수 있

환경보호, 전쟁반대, 동성애자 권리운동 등 수많은 사회적 이슈에 적극적으로 참여하는
영국과 프랑스의 젊은이들

고, 건강에도 도움이 된다며 좋은 점을 끝없이 나열했다. 그녀는 자
신의 여행이 기후 변화에 영향을 주지 않았으면 좋겠다고 했다.

이베트는 10대 때 환경 문제의 심각성을 알게 되었다. 인간 외에
도 많은 생물들이 사는 지구를 망쳐서는 안 된다고 생각한 그녀는
할 수 있는 모든 방법을 다 동원하기로 결심했다. 그녀는 플라스틱
병에 든 물건은 아예 구입하지 않는다. 꼭 필요할 때에는 유리병에
든 것을 사서, 내용물은 가지고 간 병에 옮겨담고, 빈 병은 그 자

리에서 돌려준다. 물건이나 음식을 담을 때에도 비닐봉지를 쓰지 않고 항상 천가방이나 물통을 들고 다닌다.

물도 꼭 필요한 양만 쓰려고 노력한다. 집의 변기에는 벽돌을 넣어 물을 적게 내리고, 빨래는 최대한 모아서 최소한의 생분해성 세제로 한다. 에어컨은 쓰지 않고, 전기는 에너지 절약 밸브와 모니터링 기계를 설치하여 최소한만 사용한다. 겨드랑이 냄새 제거용 스프레이 대신 특수한 소금 덩어리를 갖고 다니는데, 이것은 박테리아를 죽여 냄새가 안 나게 하는 원리를 이용한 것이다. 거의 영구적으로 쓸 수 있으며, 화학 물질은 들어가 있지 않다.

모든 옷과 물건은 생분해성으로만 구입한다. 샴푸, 비누도 당연히 화학 물질이 들어가지 않은 생분해성 용품을 이용한다. 공정무역 제품과 유기농 제품의 제조과정 및 유통 구조도 연구해서 가장 합리적인 제품만 소비한다. 특히 여행을 다닐 때에는 플라스틱 제품을 쓰지 않기 위해 철저히 노력한다.

"몸이 약간 더 피곤할 뿐이지, 불가능하진 않아."

물은 정수기가 있는 곳으로 가서 돈을 주고 빈 병을 채워오거나 영국에서 가져온 펌프로 직접 거른다. 심지어 빨대도 들고 다닌다. 시장에서 야자를 사먹을 때 자신의 것을 꺼내 쓰기 위해서다. 조금 귀찮을 뿐, 익숙해지면 전혀 힘들지 않다는 것이다.

이베트식 실천법이 마음에 드는 것은, 그 속에 흑백논리도, 우월의식도 없기 때문이다. 많은 사람들이 "내가 그런다고 환경이 바뀔까?"라고 단정하고 실천을 포기하지만, 이베트와 캐롤린 그리고 그들의 친구들은 끊임없이 새로운 방법을 연구하고 공부하면서 할 수 있는 한 최선을 다한다. 남에게 내세우지도, 남을 불편하게 하지도 않고 자신부터 바꾸려고 한다. 설익은 철학으로 남들을 판단하고 혼자만 고고한 척 환경운동, 채식운동에 참여했던 나의 어리석은 20대가 떠올라 부끄러웠다.

이베트와 캐롤린은 환경뿐만 아니라 지구 차원의 윤리에도 관심이 많고, 적극적으로 행동한다. 몇 년 전 영국에서 이라크 파병을 결정했을 때, 런던 역사상 가장 큰 시위가 있었다. 그때 이 둘도 주최측의 핵심 측근으로서 'No War' 운동에 적극 참가했다. 이들은 그 외에도 많은 단체에 참가하고, 열심히 투표에도 참여하고, 할 수 있는 일은 다 하면서 현실에 참여하려고 노력한다.

프랑스인인 이베트가 보기에 가장 진보적이면서 현실적인 사람들은 영국인이다. 많이 갖거나 성취하지 못해도 자신이 가는 길을 고집하고, 최대한 실천하고 연구하는 것에서 만족을 추구하는 사람들이란다. 영국이 다양한 사회 운동의 메카가 될 수 있었던 이유가 항상 궁금했는데, 이 젊은이들을 통해 이해할 수 있었다.

여행은 새로운 창을
열어주는 만남의 장

"우리는 법적으로 결혼했어."

이베트는 캐롤린과의 결혼반지를 보여주었다. 캐롤린과 친구 이상의 사이일 거라고 눈치채긴 했지만, 둘은 애인 사이를 넘어 결혼한 사이였다. 네덜란드, 핀란드, 스웨덴, 독일, 캐나다, 미국의 몇몇 주에는 동성결혼법 내지는 파트너십 제도가 있는데, 이들은 영국의 제도를 이용했다.

두 사람은 9년 전에 만나 함께 살아왔고, 웨이팅 리스트에 올려두었다가 3~4년 전, 영국에도 동성결혼법이 생기자마자 혼인신고를 했다. 이 법을 만들기 위해 많은 사람들이 노력했는데, 캐롤린의 어머니도 청원 운동에 적극적으로 참여했다. 자신의 딸과 그

땅의 모든 딸들을 위해 행동한 것이다.

이베트와 캐롤린의 부모님은 놀라울 정도로 진보적이고 자유로운 분들이다. 이들의 부모님은 자식들의 선택을 100퍼센트 존중한다. 자식들이 진정으로 행복해야 부모들도 행복할 수 있기 때문이다. 캐롤린은 주위 사람들뿐만 아니라 직장 사람들도 둘의 관계를 알고 있다고 했다. 특히 런던에서만큼은 동성결혼 정도는 너무나 자연스러워 아무런 문제가 되지 않는다고 했다. 자신의 직장 상사도 결혼식에 참석했고 진심으로 축복해주었다는 것이다.

"만약 그들이 우리를 차별하려고 한다면 그건 그들의 문제지 나의 문제가 아냐."

이렇게 당당하게 말할 수 있는 사람들이 우리나라에도 있을까. 개인이 자신감을 가지려면 사회구조가 받쳐주어야 한다. 또 그런 사회구조를 만들려면 용감하고 헌신적인 선구자들이 있어야 한다.

나도 이제는 내 껍데기 바깥으로 나갈 때가 되었다는 생각이 들었다. 20대 중반의 나는 아무 준비도 없이 뛰어들었다가 제풀에 꺾여 물러선 때가 많았다. 그래서 지난 몇 년간 어떤 면에서는 나를 내려놓고 생존에만 힘써왔다. 너무 일찍부터 철학을 정립하고 실행 방침을 찾아야 한다는 강박관념에 시달리다보니 지치기도 했다. 이제는 인간에 대해서도, 사회에 대해서도 조금은 알게 되었고, 세상 돌아가는 것도 이해하는 나이가 되었다. 실질적인 세상을 온몸으로 겪은 후, 이제 다시 철학을 정립하고 삶을 이끌 수 있는 목표를 찾으려 할 때 이 친구들을 만난 것이 기뻤다.

헤어지기 전 우리는 단체 사진을 여러 컷 찍었다. 낮이었으면 더 다양한 포즈로 재미있는 사진을 많이 찍었을 텐데, 아쉬운 대로 바닥에 삼각대를 설치하고 플래시를 터뜨려가며 사진을 찍었다. 우리가 바닥에 무릎을 꿇고 각종 우스꽝스런 포즈를 취하자, 식당 사람들이 쓰러질 정도로 웃어댔다. 우리는 한국식으로 허리를 숙이는 인사부터, 프랑스식 볼 뽀뽀에, 요란한 포옹도 모자라서 대문 바깥에서도 손을 흔들며 한참을 바라보다가, 마침내 각자의 길을 떠났다. 나는 어둠이 쌓인 길을 뚫고 페달을 밟았다. 불빛 하나 없이 깜깜한 메콩 강변에서는 풀벌레 소리만 들려왔다.

여행을 다니다 보면 생각지도 못했던 사람들이 갑자기 나타나 내 인생에 새로운 창문을 열어줄 때가 있다. 이번에도 자신만의 뚜렷한 방법으로 세상을 당당하게 살아가는 친구들을 만나 이 시점에 꼭 필요한 철학과 구체적인 실천 방법을 깊이 생각해보게 되었다. 물론 이 친구들이 던져준 묵직한 주제들에 대한 탐구는 여행이 끝난 후에도 지속될 것이다.

모든 순간이
아름답고 아름답다

돈뎃에 도착한 첫날, 길고 긴 끔찍한 밤을 보냈다. 잠자리에 들기 위해 방에 들어오자마자 바닥에 있는 바퀴벌레를 보았던 것이다. 잠시 마음을 가라앉힌 후 카메라 가방을 드는데, 이번에는 큼직한 바퀴벌레가 내 손목을 타고 올라왔다.

침대에 누웠지만 마음이 가라앉지 않았다. 라이트를 켜고 보니 개미들이 침대 시트 위를 까맣게 기어다니고 있었다. 눕기가 께름칙한데다가 방은 또 얼마나 더운지, 결국 창살도 방충망도 없는 창문을 열어놓고 잤다. 누가 창문으로 침입하지 않은 게 다행이었다. 새벽 2시에 바퀴벌레가 없는지 세심하게 관찰하면서 야외 화장실에 다녀왔다. 그후로는 추워서 잠을 잘 수 없었다.

다음날 아침, 핑크빛 게스트하우스로 숙소를 옮겼다. 어제 잠깐 볼 때는 몰랐는데 험한 곳에서 하루를 지내고 나니 이곳이 얼마나 깨끗하고 정갈한지 세상을 다 가진 것 같았다. 창문이 3개나 되어 통풍이 잘 되고, 창에는 쇠창살을 박고 그 위에는 정성을 다해 만든 분홍빛 커튼을 덮어놔서 침입자 걱정을 할 필요도 없었다. 선풍기도 있어 시원했고, 편리하게 빨랫줄도 곳곳에 쳐져 있었다. 3만 5천 낍 숙소가 어찌나 좋은지 혼자 이리 앉았다 저리 앉았다 하면서 하하하, 소리내어 웃었다. 그리고 비가 내리는 오후, 방 처마 밑에 걸려 있는 해먹에 누워 몸을 흔들며 메콩강을 바라보았다. 노트북 컴퓨터로 재즈 음악을 들으니 삶까지 풍요로워지는 느낌이었다.

　그날 아침 풍경은 마음속에 아릿하게 남아 영원히 지워지지 않을 것 같다. 아침 일찍 자전거를 타고 오솔길을 따라 북쪽으로 올라가다 무심코 강 쪽으로 시선을 돌렸다. 아! 얕은 물에 물소 수십 마리가 좌욕을 즐기고 있고, 그 뒤로 광활하게 펼쳐진 메콩강 지평선 위로 해가 떠오르고 있지 않은가. 가이드북에 나와 있던 시적인 표현들이 내 가슴속으로 깊이 스며들었다.

　씨판돈은 메콩강이 갈라진 곳에 운하와 바위와 모래톱, 작은 섬들이 흩어져 있는 자연의 경이다. 밤이면 메콩강 위에 어부들이 밝힌 불빛이 점점이 떠 있고, 우기에는 코코넛과 빈랑나무로 뒤덮인 섬에 반딧불이들이 불을 밝힌다. 아침이면 물소들이 얕은 물을 휘젓고 지나간다.

나는 풍경에 홀려 골목골목을 누비며 사진을 찍었다. 예쁜 골목길에서 갑자기 튀어나오는 교복 입은 아이들, 메콩강을 떠다니는 작은 배들, 아이들에게 간식을 파는 할머니 등 모든 것이 한 폭의 그림이었다.

여행하면서 아침마다 만난 또 다른 아름다운 풍경은 탁발이다. 어디를 가든지 이른 아침에는 바리때를 들고 줄지어 가는 주황색 사리를 입은 맨발의 스님들을 볼 수 있었다. 시골 마을에서는 2명, 대도시에서는 수십 명까지 일렬로 지나간다. 왠지 그럴 것 같아 보이지 않는 사람들도 스님이 지나갈 때 보시를 하고, 손으로 얼굴을 가리고 공손히 꿇어 앉아 염불을 듣는다. 이곳 사람들의 부드러운 심성은 이런 문화의 영향도 있으리라. 유명한 문화재도 아니고 사람들이 줄지어 모여드는 예술품도 아니지만, 삶의 아름다움이 스며든 소박한 풍경들이야말로 여행자가 계속 페달을 밟게 하는 원동력이다.

해 뜰 무렵의 씨판돈. 아침이면 물소들이 얕은 물을 휘젓고 지나간다

5부

베트남 훼Hue 랑꼬Lang Co 다낭Danang 호이안Hoi An 미선My Son 호치민Ho Chi Minh

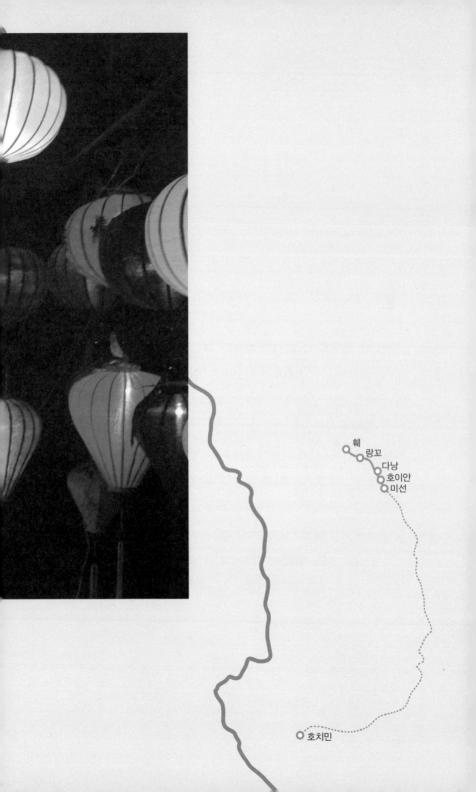

훼
랑꼬
다낭
호이안
미선

호치민

노 머니,
노 스탬프

베트남 중부의 훼Hue까지 버스를 타고 가기로 결정하고서도 왠지 아쉬워 떠나는 날 새벽까지 고민을 거듭했다. 미식가 황제가 살았던 훼로 멀리 돌아가서 매일 황제풍의 음식예술을 즐긴 뒤, 시간에 쫓기며 베트남과 캄보디아를 한 바퀴 돌 것인가, 아니면 베트남을 건너뛰고 캄보디아만 천천히 여행할 것인가. 고민 끝에 이제는 쌀국수와 조용한 자연 대신 산해진미와 고도의 예술을 즐길 때라는 결정을 내렸다. 인생에는 바쁘고 고단해지더라도 맛있는 것이 더 중요할 때도 있는 법이다.

그날 아침, 나룻배로 메콩강을 건넌 뒤, 봉고차로 빡세까지 가서 다시 미니버스로 훼까지 밤새 이동했다. 국경에 도착한 시각은 새벽 2시였다. 현지인들은 그 앞에 있는 베트남 식당에서 대부분 내렸다. 돈을 조금씩 내고 간이침대에서 자는 모양이었다. 외국인인 나와 덴마크 대학생, 그리고 베트남 할머니 1명만 버스에 남아 잠을 청했다.

그러나 곧 누가 불이라도 난 것처럼 유리창을 마구 두드려서 잠에서 깨어났다. 새벽 4시에 무슨 일일까? 마스크로 얼굴을 가리고 눈만 내놓은 아주머니 몇 명이 유리창이 깨지도록 두드려대고 있었다. 큰일이라도 난 줄 알고 창문을 급히 열자, 그들이 소리를 질렀다.

"돈 바꿔요!"

안 바꾼다고 잘라 말하고 창문을 닫았지만, 아랑곳하지 않고 더 심하게 유리창을 두드렸다. 1시간이 넘도록 창문을 두드리는데, 소름이 끼칠 정도였다. 5시에는 땅딸막한 아저씨가 나타나서 갑자기 여권을 내놓으라고 했다. 이미 베트남 사람들 여권을 다 걷어와서 흔들어 보이는 것을 보면 완전 사기꾼은 아닌 것 같은데, 나와 덴마크 아이에게만 3만 낍을 내라고 하는 것이 외국인을 골탕먹이는 것 같았다. 뒤에 선 대형버스에 외국인이 많으니 가서 물어보겠다고 하니까 한 대 칠 것 같은 동작을 하며 화를 냈다. 잽싸게 빠져나와서 그 버스에 올라타니, 역시 외국인들이 거세게 항의하고 있었다. 내가 그들에게 말을 걸려고 하니까, 그 버스에서 여권을 걷던 다른 베트남 아저씨가 나를 후려치려고 하면서 "당신 버스로 당장 돌아가지 못해!"라고 소리를 질렀다.

성격 걸걸한 서양 남자들과 욕쟁이 한국 청년이 계속 따지자, 소위 '출국 심사 대행 가이드'들은 우리가 쥐고 있던 여권을 빼앗아 좌석 위에 집어던졌다.

"노 머니, 노 스탬프!"

돈을 내지 않으면 출국 도장을 받을 수 없다는 것이다. 우리가 직접 하겠다니까, 직접 하려면 여기서 1킬로미터를 혼자 걸어가서 심사를 받은 뒤 돌아와야 하며, 그동안 이 버스는 기다려주지 않고 가버린다고 협박했다. 끊임없는 협박과 공갈에 지친 외국인들이 버린 셈치고 내놓기엔 3만 낍, 즉 5,000원 정도는 알맞은 금액이다. 외국인들이 골치 아픈 것이 싫어 울며 겨자 먹기로 돈을 내놓자, 이 가이드는 갑자기 우리를 걱정해주는 척 목소리를 낮추며, "여기선 돈 바꾸지 말아요. 환율이 안 좋아요" 하고 거듭 배려해주는 가증스러움도 골고루 갖추었다.

국경을 넘고 가이드들이 사라진 뒤 버스에 탄 현지인들에게 물어보니, 그에게 3,000낍씩 냈다고 했다. 분명히 속은 것이다. 몇 년 전부터 베트남에 다녀온 배낭여행자들이 다시는 베트남에 가지 않겠다, 이렇게 불친절하고 바가지가 극성인 나라는 처음이라는 말을 자주 하곤 했는데, 국경을 넘자마자 실감할 수 있었다.

여행 중 머물렀던 숙소들. 우리 돈으로 하루
6,000원~8,000원이면 지낼 수 있다. 자전
거도 방 안에서 함께 하룻밤을 보냈다

베트남은 과거 오랜 기간 중국의 지배를 받은 탓에 유교 문화의 영향이 곳곳에 남아 있다. 사진은 훼의 아름다운 유적들

이 나라의 부패한 정치경제 시스템을 생각하면 사람들이 이렇게까지 돈을 벌어야 하는 것을 이해 못할 바도 아니다. 하지만 베트남에서도 인간 냄새 나는 사람들을 만날 수 있을지 벌써부터 걱정이 되었다. 모든 사람들이 내 주머니만 노리고 있다고 생각하니 외로움이 밀려들었다. 그 누구도 믿을 수 없는 추운 버스 안에서 가방을 잔뜩 끌어안고 있는 내 모습이 차창에 비쳤다. 씨판돈에서 함께 지냈던, 말 잘 통하는 동료들에게 하소연하며 위로받고 싶은 마음이 간절했다.

버스는 베트남전 당시 보급품을 나르던 험한 산길을 달린 후, 휑의 도로 한 귀퉁이에 나를 내려놓고 휭 하고 떠났다. 가이드북에서 추천하는 숙소 거리로 향하는데, 거리 입구에서 어떤 사람이 6달러짜리 방이 있다는 말을 건네왔다. 그를 따라 골목으로 들어가니, 아오자이를 입은 예쁜 아주머니가 곱게 웃으며 나를 반겼다. 그 순간 긴장과 피곤이 확 풀려 이곳에 묵기로 결심했다.

방에서 가방을 풀고 있는데, 누가 방문을 두드렸다. 문을 열어보니, 아주머니가 돈을 바꾸라고 서 있었다. 신문에 나온 환율로 준다고 해서 믿고 바꾸려는데, 달러당 18,465동이 아니라 18,000동으로 쳐서 주는 게 아닌가. 왜 뒷자리를 잘라먹고 주느냐니까 여기서는 다들 그렇게 한다고 했다. 작은 돈이긴 하지만 속은 것 같아 50달러만 바꾸었다. 밥 먹으러 나간다고 하자 다정한 소리로 호텔 1층 식당에서 먹으라고 하는데, 또 무슨 바가지를 씌울까 싶어 거리도 구경해야 한다고 둘러댔다.

다음날 남은 방값을 모두 지불하려고 하자 아주머니가 방에 있는 에어컨을 썼느냐고 물어보았다. 에어컨을 썼기 때문에 6달러가 아닌 7달러를 내라는 것이었다. 에어컨이 방에 있으니 쓰는 것이 당연하고, 에어컨을 쓰면 돈을 더 내야 한다는 말은 미리 들은 적이 없고, 이렇게 습하고 눅눅하고 냄새도 심한 방에서 에어컨을 쓰는 게 당연하지 않느냐고 따지니까, 보스한테 야단맞았다면서 "그래그래, 알았어, 굿나잇!" 하고 과장된 몸짓으로 손을 흔들었다. 그렇게 해서 돈을 뜯어낸 경험이 있는지, 내게도 한 번 찔러보았다가 반응이 예상외로 강하니까 포기한 듯했다. 이 아주머니의 해맑은 얼굴과 상반된 행동 때문에 베트남 사람들이 더 무서워졌다. 라오스에서 완전히 열어두었던 마음에 단단히 빗장이 걸린 듯 점점 현지인들과 인사는커녕 눈도 마주치기 싫어졌다.

그럼에도 훼는 너무나 아름다운 곳이었다. 이런 대조적인 모습이 베트남의 현재 모습을 적나라하게 보여주는 것이 아닐까. 훼는 1802년에서 1945년까지 응우옌 왕조의 수도였으며, 현재 34만 명의 인구가 거주하는 큰 도시로 지금도 베트남의 문화, 종교, 교육의 중심지로 꼽힌다. 중요한 건물과 유적들이 전쟁 때 많이 파괴되었지만, 아직도 구시가지 내에는 고풍스러운 거리와 아름다운 궁

궐이 남아 있고, 강 주변으로는 거대한 황제의 묘들이 흩어져 있다. 종일 자전거를 타고 이곳저곳을 돌아다니면서 그 찬란한 문화유산에 얼마나 감탄했던가. 훼는 1993년 유네스코 세계문화유산으로 지정되면서 도시의 유적들을 하나둘 복원 중이다. 하지만 며칠간 심하게 허물어진 내 마음은 언제 복원할 수 있을까?

그 후로도 날마다 몇 차례 바가지요금의 횡포나 심한 불친절을 겪었다. 따지고 싶어도 별 수가 없으니, 나만의 항거 방법이 필요했다. 돈을 쓸 때면 무조건, 그 사람의 얼굴도 관상도 보지 말고, 갈등하거나 스스로를 괴롭히지도 말고 즉시 "쟈 바오 니에우?" 즉, 웃으면서 얼마냐고 물으며 종이와 펜을 내밀기 시작했다. 종이에 가격을 쓰고 나면 내 입장에서는 적당한 가격인지를 판단하여 그곳에서 돈을 쓸지 말지를 결정할 수 있고, 주인은 바가지를 씌우려는 자신을 한 번 더 돌아보게 될 것 같아서였다. 귀찮고 멋쩍긴 하지만, 그걸 습관으로 만들어야 스스로를 괴롭히지 않고, 여기 사람들을 미워하지 않을 수 있을 것 같았다. 식사할 때나 커피와 간식을 살 때 4~5번 이상 연습하다 보니, 얼마 후 나를 속이지 않을 것 같은 사람들만 골라 주문하는 법도 익히게 되었다.

가이드북과 영어를 잘 하는 현지인들, 해외에서 살다 온 베트남 교포들, 여행자들에게 골고루 물어본 바에 의하면 베트남은 3중 가격제가 당연시되는 나라이다. 대부분의 장사꾼들이 같은 지역 사람 가격, 다른 지역 사람 가격, 외국인 가격을 다르게 매긴다는 것이다. 베트남어를 쓰는 베트남인이라도 다른 억양을 감지하거나 다른 곳에서 온 티가 나면 가격을 올린다. 다른 말로 하면, '우리 편'이 아니면 바가지를 씌우는 것이다.

로마에서는 로마법을 따르고 베트남에서는 베트남 가격을 따라야 할 텐데, 나는 끝까지 나만의 방식으로 항거 내지는 탐구해보기로 했다. 쿠바처럼 법으로 정해진 것도 아닌 자율적인 3중 가격제, 혹은 다층가격제가 이렇게 광범위하게 퍼진 이유를 이해하기 위해 끝까지 노력해보고, 사람들의 사고방식을 끝까지 탐구해보리라. 더 이상 나를 탓하거나 그들을 탓하지도 않고, 왜 이런 구조적인 문제가 생겼는지 역사적, 정치경제적, 문화적 이유를 알아내는 것이 목적이다.

건기인 라오스와는 달리 베트남은 우기여서 계속 비가 내렸다. 건물들은 사각형으로 삐죽하게 솟은 베트남 특유의 멋없는 모습에다가, 가는 곳마다 난개발로 파헤쳐져 있으니 어디에도 마음 붙일 곳이 없었다.

낯선 이들의
작은 친절로 살아간다

훼를 떠나는 날에는 폭우가 쏟아졌다. 옷과 책은 김장용 비닐에 싸서, 노트북 컴퓨터는 방수 커버에 싸서 가방 안에 넣었다. 아무리 느려도 좋으니 안전하게 가자고 결심하고 길을 나섰다.

아침부터 비를 맞으며 주행하는 것은 처음이다. 베트남에서는 시골 국도라 하더라도 마음을 놓을 수 없었다. 미친 듯이 경적을 울려대며, 다른 차와 싸울 듯 중앙선을 넘나들며 곡예운전을 하는 트럭과 버스가 혼을 빼놓았다. 전화를 하거나 담배를 피우거나 둘이 이야기하면서 도로를 넓게 차지하고 아슬아슬하게 운전하는 오토바이들, 태연하게 나를 밀어붙이며 급정거하는 오토바이와 자전거가 곳곳에 가득해 한시도 긴장을 풀 수 없었다. 먼저 머리만들이밀면 우선권이 확보되고 다른 사람들은 배타적으로 밀어내도 된다는 식의 이기적인 무질서. 순간순간 아찔하고 화가 나서 혼자 소리를 지르고 욕을 해가며 페달을 밟았다.

가끔 미소 띤 얼굴로 돌아보거나 "헬로"라고 소리치는 사람들이 있었는데, 작은 관심이 고마운 것은 처음이었다. 안타까운 표정으로 무언가 말하는 아주머니들, 힐끔 뒤를 돌아보며 손을 흔드는 오토바이 아저씨 덕분에 굳었던 마음이 약간 녹았다.

큰 고개를 넘기 전, 배가 고프고 힘이 들어 식당 2곳에 들어갔다가 밥이 없다고 내침을 당했다. 흰 옷 입은 아주머니가 지나가기에 배고픈 시늉을 하며 어디 밥 파는 데 없느냐고 힘없이 묻자, 아주머니는 "저 언덕만 넘어가면 밥집이 있으니까, 안심하고 넘어가" 하고 부드럽게 달래주었다. 비에 젖어 몸까지 떨던 나는 이성은 상실하고 완전히 본능으로 움직이는 한 마리 동물 같았는데, 말은 못 알아들어도 아주머니의 타이르는 듯한, 위로해주는 듯한 기운에 힘을 얻을 수 있었다. 그 아주머니는 몇 번이나 멈춰서서 뒤돌아보며 똑같은 말을 내게 해주었다. 이해할 수 없는 언어였지만 거칠게 갈라졌던 내 마음이 부드럽게 메워지는 듯했다.

며칠 후, 어떤 커피숍 앞을 달리다가 때가 쏙 빠진 맑은 얼굴의 할머니를 보고 마음이 끌려 멈추었다. 백발의 할머니는 커피를 시키자마자 바로 한국인이냐고 물어보며 환한 얼굴로 웃어주었다.

정성을 다해 천천히 세팅한 커피도구에서 신선한 커피가 느리게 한 방울 한 방울 떨어지는 동안, 할머니는 내게 어디로 가는지 물었다. 그러고는 안경을 쓰고 떨리는 손으로 지도를 그려주었다. 이미 지도와 가이드북이 있어 그리 유용한 정보는 아니었지만, 그 정성이 너무나 고마워 몇 시간 동안 마음이 훈훈했다.

더욱 놀라운 것은, 그 집 안을 훑어보니 남편은 이미 세상을 떠났는지 제사용 사진이 걸려 있고, 아들은 말을 알아듣지 못하는 데다가 할머니가 끼니마다 밥을 떠먹여야 할 정도로 장애가 심한데, 이 모든 짐을 지고 혼자 장사를 하는 할머니가 그렇게 친절하고 아름답다는 사실이었다.

내가 마음 문을 닫아버렸다고 생각했지만, 낯선 이들의 친절은 끊임없이 내 마음의 틈새로 스며들어왔다. 스페인의 까미노 데 산티아고를 걸을 때에도 이런 경험을 했었다. 우르떼가라는 시골 마을에서였다. 숙소에 등록을 마친 후 수많은 순례자들이 써놓은 방명록을 읽고 있는데, 갑자기 한글로 정성스레 쓴 글씨가 눈에 들어왔다.

누군가의 격려와 위로가 그렇게 큰 힘이 되는지 몰랐습니다.

작은 인사 하나, 미소 하나에 얼마나 큰 용기와 힘을 받았던가.

자전거용 헬멧을 써보며 수줍어하던 할머니. 관광객들이 가지 않는 시골로 갈수록 순수하고 따뜻한 베트남 사람들을 만날 수 있었다

까미노에서는 처음 만난 누군가가 밝은 미소 한 번만 지어주면 기분 좋게 십 리를 갈 수 있었다. 따뜻한 격려와 함께 치즈 한 조각을 얻으면 또 십 리를 갈 수 있었다. 그렇다, 인생은 거창한 게 아니라 이처럼 주고받는 과정을 즐기는 것 아닐까. 햇볕 한 움큼에 기뻐하고, 물 한 컵에 감사하는 과정의 연속이라는 것을 다시 한 번 길 위에서 느낀다.

안개 속의 풍경

언덕을 넘으니 오른쪽으로 바다가 광활하게 펼쳐졌다. 왼쪽은 바다, 오른쪽은 호수로 막힌 신기한 어촌 마을이었다. 대기 중에는 젓갈 말리는 냄새, 한적함, 어딘지 모르게 소외된 느낌, 외로움, 묘한 광기 같은 것이 떠돌았다. 하늘은 물론 좌우의 물도 하늘색인데다가, 건물들도 모두 하늘색이었다. 게다가 모든 건물이 아주 단조로운 직육면체 단층 구조였다.

좌우를 두리번거리며 숙소를 찾는데, 한 처녀가 친절한 태도와 유창한 영어로 방을 보고 가라며 나를 붙잡았다. 7달러라는 방값을 6달러로 깎은 뒤 방에 들어가보니, 내가 꿈꾸던 완벽한 장소였다. 값도 싸고, 방이 1층이어서 자전거 보관하기도 좋고, 소담스러운 마당은 호수와 이어지고, 큰 세숫대야가 2개나 있어 빨래하기도 좋고 화장실도 깨끗했다.

흠뻑 젖은 옷을 빨아 널고 마을 구경에 나섰다. 해변도, 거리도 아무런 특색이 없었다. 저녁을 먹은 후 숙소 옆 커피숍에서 커피를 마셨다. 여전히 거리에는 지나다니는 사람도, 특별한 일도 없었다. 이 마을에 외국인 내지 관광객은 나밖에 없는 것 같았다. 자전거 가이드북에서는 이곳은 항상 날씨가 나쁘며, 문자 그대로 아무것도 할 일이 없으니 푹 쉬기나 하라는 말을 심할 정도로 반복했는데 그 이유를 알 수 있었다.

커피를 마시고 일어서는데, 중년 여인 3명이 들어와서 옆 테이블에 앉았다. 심심한 밤이 될 것 같아 그들이 먹는 것을 가리키며 괜히 "이게 뭐죠?" 하고 물어보았다. 이들은 유창한 영어로 이게 이 지역 특산물인 새우가 들어간 카사바 젤리 떡이니 마음껏 먹으라며 내게 친절히 권했다.

이 중 1명은 유니세프 직원이고 2명은 사설 컨설팅 회사 직원이었는데 컨설턴트 1명은 하노이 경제대학 경영학과 교수이기도 했다. 이들은 이 마을의 수질 환경 관리 프로젝트를 위해 하노이에서 5일간 출장 온 것이었다. 이들은 아침은 호텔에서 먹고, 점심은 이 동네의 사업관계자들과 함께 먹느라 스트레스를 받기 때문에 매일 저녁은 3명이 나와서 특별요리를 주문해서 먹는다고 했다. 오늘도 식당에 특별히 주문한 요리를 먹으러 온 것인데, 많이 남는다며 내게도 같이 먹지 않겠느냐고 물었다.

하노이대 교수는 한국에 회의차 와서 제주도에 5일간 머무른 적이 있다며 한국에 대해 이것저것 물었다. 이들은 진정한 쌀국수는 하노이에만 있다고 입을 모아 말했다. 베트남은 지역마다 채소, 과일 등을 비롯하여 언어까지 다르다며 짧게 브리핑도 해주었다.

숙소로 돌아오자 낮에 내게 말을 걸었던 처녀와 그녀의 사촌 동생 남매가 숙소 입구에 앉아 있다가 나를 보고 반색을 했다. 할 일도 없는데 잘 됐다 싶어 또 털썩 주저앉아 2~3시간 동안 이야기를 나누었다. 이들은 응우엔 가족으로, 놀랍게도 이 동네 대부분의 호텔과 레스토랑은 응우엔 가家의 것이란다. 이 동네의 이집 저집이 다 사촌 지간인 것이다. 응우엔 가의 젊은이들은 대부분 훼에 있는 대학에서 관광학을 공부한 뒤 근처에서 관광업에 종사하고 있다. 그래서 이 가족들이 부유해 보이고, 영어도 잘 하고, 나와서 손님 잡는 솜씨가 보통이 아니었던 모양이다. 특히 이 가문을 일으킨 응우엔 할아버지의 얼굴은 강한 자부심과 굳센 의지, 품격으로 빛났는데 그 이유가 이것이구나 싶었다.

동생 같은 처녀 2명, 청년 1명과 거리를 바라보며 도란도란 이야기를 나누다 보니, 갑자기 이 마을이 전부터 잘 알던 곳처럼 여겨졌다. 청년은 끊임없이 우리에게 농담을 했다. 모델처럼 늘씬하고 예쁜 그의 누나는 낮에 내가 빨래를 할 때부터 말을 걸더니, 밤에는 학교 수업, 시험 등에 관한 이야기를 하며 귀엽게 투덜거렸다. 라오스 사람들에게서는 느낄 수 없었던 감정이 그녀에게 들기 시작했다. 사회적으로 비슷한 친구들 간에만 느낄 수 있는 우정 같은 것이었다.

방으로 들어가자, 잠시 그쳤던 비가 다시 미친 듯이 쏟아지고 회오리바람이 좌우에서 윙윙 불었다. 어두운 하늘로 대지의 물이 모두 용솟음쳐 올라가는 것 같았다. 이 자연의 경이를 혼자서 듬뿍 즐기고 싶었다. 이곳에 혼자 있어서, 이 모든 감정을 생생하게 깨어 느낄 수 있어서 좋았다. 항상 혼자 여행을 다녔지만, 이렇게 혼자 있는 것 자체로 즐겁고 감사했던 적은 드물었다.

혼자 있어도 좋고
함께 있어도 좋다

베트남의 하이반 패스를 넘는 날이다. 하이반 패스는 정상의 높이가 해발 496미터밖에 되지 않지만, 우리나라로 치면 태백산맥을 넘는 한계령 같은 곳이다. 베트남 남북을 지형적으로 가르고, 문화와 음식, 기후대까지 가른다. 가이드북에 의하면 하이반 패스는 구름의 길이라는 뜻으로, 산맥이 바다와 만나면서 만들어내는 경치가 일품이다. 11세기까지는 이 천연적인 경계선이 자연스럽게 비엣족이 사는 북부와 참족이 사는 남부를 나누었다고 한다.

가이드북에서는 마음이 약한 자들은 넘기 힘든 곳이라고 경고했지만, '라오스 북부를 다녀온 라이더라면 휘파람을 불며 갈 만한 껌 같은 장소에 불과할 것'이라고 농을 쳤다. 나는 마음이 약

자동차도 혁혁대는 구름의 길, 하이반 패스. 수묵화처럼 펼쳐진 바다를 한쪽에 끼고 도로
를 독차지하면서 올라가는 것은 자전거 여행자만이 누릴 수 있는 기쁨이었다

한 자이지만, 라오스 북부를 다녀온 짐승급 라이더인데 과연 어떨지 궁금했다. 처음에는 안개를 뚫고 가파른 경사로를 올라가는 것이 버거웠다. 그러나 어느 정도 올라가니 안개가 걷히고, 햇살을 잔뜩 머금은 바다가 저 아래에서 찬란하게 빛났다. 왼쪽엔 바다, 오른쪽엔 울창한 수풀을 끼고 구불구불한 산 속으로 들어가는 기분이었다. 더 좋은 것은 자동차들이 2008년에 완공된 터널로 옮겨간 바람에 이 멋진 길이 거의 내 독차지였다는 것이다.

표지판에 나와 있는 경사도는 8~10도였지만 크게 힘들지는 않았다. 그렇다면 몇십 미터에 한 번씩 내려서 자전거를 끌어야 했던 라오스 북부는 경사도가 이보다 얼마나 더 심했던 것일까? 아니면 험한 산악길을 완주한 끝에 내가 진정한 라이더로 거듭난 것일까?

내 옆으로 오토바이와 관광객을 실은 버스가 간간이 지나갔다. 서양인 관광객들은 도대체 저 사람 미친 거 아니냐는 눈빛으로 창문에 매달려 나를 구경했다. 거의 정상에 다다랐을 무렵 나를 스쳐 지나간 어느 미니버스의 서양인들은 전원이 휘파람을 불며 내게 박수를 쳐주었다.

정상에는 베트남 전쟁 당시 보급품 기지였던 건물의 흔적이 남아 있었다. 그 앞에서 사진을 찍고 커피를 1잔 마시고 나니 할 일이 없어 그냥 내려오기로 했다. 오전 내내 올라간 하이반 패스는 내려오는 데 채 1시간도 걸리지 않았다. 내려오는 내내 날씨는 쨍

베트남의 작은 섬들과 육지를 이어주는 통통배. 현지인들은 땅 위에서는 자전거와 오토바이를 몰고 다니고, 물 위에서는 모시고 다닌다.

하게 빛났다. 대기가 청명하고 건조해서 기후대가 바뀌었다는 것을 알 수 있었다. 마침내 나는 햇살 빛나는 일요일의 한적한 거리를 한참 달려 다낭Danang에 도착했다.

다낭은 베트남에서 4번째로 규모가 크고 인구가 50만이 넘는 대도시이다. 다낭의 유명한 참족 조각 박물관과 사원들을 둘러본 뒤, 다음날 아침에는 차이나 비치를 둘러보았다. 관광객들이 많이 오는 길 오른쪽 호텔 지구는 지나치게 잘 꾸며져 있어 어딘지 균형이 어긋나 보였다. 실망해서 떠나려다가 길 왼쪽의 어수선한 동네가 궁금해서 가보았는데, 갑자기 사람 사는 냄새가 진하게 나는 어촌이 나타났다.

베트남 특유의 광주리 모양 배가 백사장에 잔뜩 늘어서 있고, 사람들은 파도와 싸우며 그 배를 수평선 근처까지 저어 나갔다. 아침 햇살을 받으며 그물을 던지는 어부, 파도에 위험할 정도로 휘청거리면서도 끊임없이 노를 젓는 어부……. 희미한 물안개 너머로 약동하는 풍경이 펼쳐졌다. 베트남에 처음 왔을 때는 끈질긴 상흔에 지친 나머지 이 나라에서 과연 아름다움이라는 것을 느낄 수 있을지 의문을 가졌다. 하지만 다낭의 차이나 비치에서 느낀 것은 강인한 생명력에서 오는 아름다움이었다.

그곳에서 시골길을 3시간쯤 달려 도착한 호이안Hoi An에서는 또 다른 아름다움을 보게 되었다. 호이안은 17~19세기에 중요한 국제 항구였던 유서 깊은 도시다. 전쟁 때 피해를 거의 입지 않아 과거의 역사와 훌륭한 건축물들이 지금도 잘 보존되어 있다.

입장권을 사서 골목길로 들어서자, 갑자기 200년 전의 풍경이 펼쳐졌다. 유유자적 물이 흐르는 운하를 중심으로 좁은 골목길들이 미로처럼 얽혀 있고, 200년 된 고가옥들은 옛날 모습 그대로 서 있었다. 그 속은 호텔로, 식당으로, 갤러리로 변했지만, 고풍스러운 건축양식과 세련되게 잘 어울렸다. 고가옥에서는 현악기를 뜯는 전통음악이 흘러나왔다. 이탈리아의 베니스와 비슷한 풍경이었지만, 대리석 건물 대신 기와와 나무로 만든 한옥풍의 고가옥이, 꽉찬 바로크 음악 대신 음과 음 사이에 여백이 숨쉬는 베트남 전통음악이라는 점이 대조를 이루었다.

인도차이나 반도 최고의 운하도시는 해 질 무렵이 되자 더욱 활기를 띠었다. 운하에서는 사람들이 소원을 적은 종이배에 촛불을 띄워 보내며 작은 탄성을 지었고, 쪽배를 탄 연인들은 운하 곳곳을 흘러다니며 속삭였다. 마침 보름날이라, 보름달 축제가 구시가지 곳곳에서 펼쳐졌다. 중앙무대에서 흘러나오는 흥겨운 노동요에 감싸여 운하 주위를 걷던 사람들은 다정한 농담을 주고받으며 곳곳에서 웃음을 터뜨렸다. 고가옥을 개조한 운하 근처의 세련된 바에서는 사람들이 술을 마시며 창밖을 내다보고 있었다.

갑자기 진한 외로움이 몰려왔다. 마음 맞는 사람들과 함께라면 즐겁게 배도 타고, 소원을 적은 배도 띄우고, 맛있는 요리도 종류별로 시켜 나눠먹을 수 있었을 텐데. 베트남에 와서 긴장하고 다니다 보니 마음 한구석이 꼬였는지, 긴장이 풀리니까 폭발할 지경이었다. 풍경이 아름다워서일까, 아니면 혼자 이를 앙다물고 다닌 지 너무 오래되어 더 이상은 견딜 수 없게 된 것일까?

혼자 운하 옆을 걷는데 세련된 트랜스 음악이 들려왔다. 전면을 다 뜯어낸 멋진 고가옥에 대형 스피커를 몇 개 달고 몽환적인 조명으로 장식한, 호이안에서 가장 트렌디한 뮤직 바에서 들리는 소

'동양의 베니스'라 부르고 싶은 베트남의 운하 도시 호이안. 200여 년 전에는 동남아를
대표하는 국제 항구였지만, 지금은 전통 음악과 트랜스 음악이 공존하고, 옛날 가옥 속에
최첨단 유행의 맥주 바가 있는 국제적인 관광지로 변모했다

리였다. 달라붙는 검은 티셔츠를 입고 머리에 무스를 발라 세운 청년들이 칵테일을 만들고 있었다. 세계 어디에서 이렇게 아름다운 고가옥 안에 앉아 음악과 맥주를 즐길 수 있겠는가. DJ 옆에 앉아 혼자 맥주를 마시다 보니 점점 커지는 음악에 빨려 들어갈 것 같았다. 흐느적거리며 리듬을 타다 보니 아까의 외로움이 마치 어린아이 투정처럼 느껴졌다.

인기척이 있어 눈을 슬며시 떠보니, 붉은 티셔츠에 흰 면바지를 입은 키 큰 유럽 남자가 옆자리에 앉아 있었다. 보아하니 이탈리아 사람이다. 그도 맥주를 마시면서 혼자 흐느적거린다. 그가 살짝 미소를 띠며 눈길을 주는 것이 말을 건네고 싶은 눈치였다. 하지만 나의 외로움은 이제 감미로운 고독으로 변한 지 오래된 터. 아까 운하에서 만났다면 모를까, 이렇게 충만한 공간에서는 나 혼자 이 모든 감각을 생생하게 즐기고 싶었다.

다음날엔 유네스코 세계문화유산으로 지정된 고대 참파 왕국 유적지 미선My Son을 구경했다. 그날 밤은 운하 곳곳에서 봐둔 음악이 좋은 바 3곳을 돌아다니며 혼자 맥주를 1잔씩 마셨다. 혼자여서 음악에 더 몰입할 수 있었고, 고즈넉한 분위기 속에 더 깊이 들어갈 수 있었다.

20세 때, 인도에 가기 위해 방콕에 들렀을 때의 일이 생각난다. 인도행 비행기표를 사러 여행사에 갔다가 이미 세상을 한 바퀴 돌고 그곳에 정착한 한국인 사장을 우연히 만났다. 그가 내게 불쑥 말을 던졌다.

"여행은 철저히 혼자가 되는 작업입니다."

세월이 흘러도 화두 같은 그 말은 잊혀지지 않았고, 고독한 날이 되면 떠올라 내 머릿속을 맴돌았다. 가끔 실수하기도 하지만, 나는 지금 그 작업을 잘해나가고 있는 것 같다.

6부

베트남 미토Mytho 껀터Cantho 롱수옌Long Xuyen 쩌우독Chau Doc

쩌우독 ○
롱수옌 ○ ○ 미토
껀터 ○

메콩 삼각주의
심장을 향해

메콩강은 바다와 가까운 하류에 이르면 여러 개의 지류로 나뉘면서 속도가 느려진다. 육지 곳곳에서 떠내려온 퇴적물들이 쌓이면서 삼각주 지형이 나타나는데 이곳이 바로 메콩 삼각주 지역이다. 메콩 삼각주의 주민들은 강을 따라 빼곡하게 들어선 수상가옥에서 살고 있다. 도로가 없는 지역이 많아서 수로를 따라 배를 타고 다닌다.

호치민Ho Chi Minh을 떠나 5일간 메콩 삼각주로 점점 더 깊숙이 들어가면서 수없이 많은 다리를 건너고 운하를 건넜다. 그때마다 다리 좌우로 펼쳐진 수로 끝에는 어떤 풍경들이 숨어 있을까 궁금했다. 이 궁금증은 첫날 미토Mytho에서 보트 투어를 하면서 풀 수 있었다.

모터 배를 타고 폭이 3~5미터 정도 되는 수로를 이리저리 헤쳐 나가며 좌우로 펼쳐진 아담한 마을들을 구경하다가, 쪽배로 갈아 타고 야자나무 사이 수로를 지나갔다. 동네 아주머니 2명이 내 앞 뒤에 타고 노를 저어 울창한 원시림 사이를 헤치고 가는데, 세상 에서 가장 은밀한 곳에 숨는 듯한 기분이 들었다.

야자나무 사이에 숨어 있는 작은 섬마을에서 내려, 좁은 길을 따라 걸어가며 마을을 구경했다. 수로를 따라 집이 늘어선 작은 마을에는 고요함과 평화가 빛나고 있었다. 쪽배를 타고 수로 위를 흘러가는 사람과 집 안에 앉아 있는 사람이 인사도 나누고 세상 돌아가는 이야기도 나눔직한 느린 마을이었다. 수로 좌우편은 펄 쩍 뛰어넘어도 될 것 같은데, 앙증맞은 돌다리들이 놓여 있었다.

부두로 돌아오는 길, 메콩강 너머로 석양이 지기 시작했다. 개인 여행객이 오는 곳이 아니라서 13.5달러를 내고 배를 한 대 전세 내어 3시간짜리 투어를 혼자 즐긴 셈인데, 덕분에 메콩 삼각주의 지평선으로 지는 붉은 태양을 완전한 침묵 속에서 감상할 수 있 었다.

다음날, 나는 껀터Cantho로 향했다. 호치민을 떠나 남서쪽으로 향한 지 2일째, 짙푸른 풍경 속으로 한 바퀴 한 바퀴 점점 깊숙이 들어갔다. 사람들이 말하던 '자연의 경이'가 전해져 왔다.

출발 1시간 후, 두 갈래 길이 만나는 곳에서부터 교통량이 적어지더니 2시간째부턴 길이 더 좁아졌다. 좁은 운하 오른쪽으로 한적한 시골 도로가 이어졌다. 왼쪽 개천 너머엔 정겨운 집들이 보이고, 오른쪽 논들은 푸르디푸르렀다. 큰 도시에서 느꼈던 삭막한 분위기는 언제부턴가 없어지고 눈 닿는 모든 곳에 풍요롭고 푸근한 기운이 감돌았다.

운하 건너편 가정집들의 사진을 찍느라 잠깐씩 자전거를 멈추었다. 전형적인 베트남의 시골집은 바로 저런 것이리라. 적당히 따사로운 햇볕 아래를 지나다가 어느 집 앞에서 전통 옷을 입은 할아버지와 눈이 마주쳤다. 10초 정도 서로를 응시하는데, 할아버지의 얼굴에 환한 미소가 퍼져나갔다. 내 얼굴에도 미소가 물들었다. 그의 맑고 정화된 얼굴 속에는 메콩 삼각주의 생명력과 풍요로움, 전쟁으로 인한 고난의 세월이 모두 녹아 있는 것 같았다.

베트남에서는 자전거 여행자를 전혀 만나지 못하고 15일을 보낼 것만 같다. 하지만 더 이상 외롭지도, 누구와 함께 있고 싶지도 않았다. 혼자 있을 때만 찾아오는 이 생생하게 깨어 있는 감각, 내면으로 응집된 섬세하고도 완전한 에너지, 고요하고 차분하게 나를 바라보는 느낌이 좋았다.

자전거 여행의 매력은 아무런 소음 없이 미끄러지듯 나아가면서 나만의 속도로 사물과 풍경을 흡수할 수 있다는 것이다. 호이

할아버지의 깡말랐지만 다부진 몸집, 굵은 힘줄이 드러난 손, 형형한 눈빛은 험난한 현대
사를 모두 이겨낸 베트남 민중의 힘을 증언하는 듯했다

안에서 긴장이 풀리며 잠시 외로움을 느끼긴 했지만, 이번 여행은 그 언제보다도 혼자여서 충만한 기분이 들었다. 예전에는 혼자 다니면서 불안하거나 외로워질 때가 종종 있었는데, 지금은 분명한 나만의 목표가 있어서 그런지 풍경을 바라보고, 생각하고, 방에서 휴식을 취하는 순간순간이 귀중했다. 풍족한 음식, 자연의 경이, 약동하는 에너지 등 모든 존재의 매력을 온몸과 마음으로 온전히 흡수할 수 있었다.

하루하루가 다양한 조합의 연속이었다. 만나는 풍경, 만나는 사람들, 먹는 것, 자는 곳이 독특하게 섞여 그날의 느낌을 빚어냈다. 이 모든 느낌이 가슴으로 잔잔히 스며드는 과정을 거쳐 나는 점점 더 내 내면 속으로, 메콩 삼각주의 심장부로 들어가고 있는 것이다.

친구가 되기 위한 조건

껀터Cantho 초입에서 길을 확인하고 있을 때였다. 오토바이 탄 여자가 다가오더니 어딜 찾느냐고 물었다. 그러곤 영어로 길을 자세히 알려주다가, 아예 자기가 안내할 테니 따라오라며 오토바이로 앞장을 섰다. 베트남에서 지금까지 겪은 바에 의하면 십중팔구 무언가를 파는 사람이다. 복잡한 길을 100킬로미터 가까이 달리고 페리로 강을 건너느라 지친 나는 한 마디 툭 던지고 말았다.

"뭘 팔려고 그러세요?"

얼굴이 햇볕에 그을리고 속을 알 수 없는 강한 눈빛을 가진 이 여인은 태연하게 웃으며 말했다.

"그건 도착해서 얘기하기로 하구요. 사든 안 사든 상관없으니 일단 따라오세요."

그러더니 앞장서서 출발했다. 가장 빠져나가기 힘든 고단수 영업 전략이다. 길을 헤매도 좋으니 나를 내버려달라고 소리를 지르고 싶었으나, 그녀는 이미 사거리 앞을 지나가고 있었다. 나는 한숨을 쉬면서 그녀를 따라갔다.

오토바이와 차들이 몇 겹으로 얽히고설킨 복잡한 길을 20여 분 가까이 따라가 내가 찾던 호텔에 도착했다. 그녀는 호텔 로비에 털썩 앉더니, 일단 방부터 보고 오라고 했다. 태연히 앉아서 기다리겠다는데, 그렇게 부담스러울 수가 없었다. 그녀는 무거운 내 가방을 나눠 들고 4층으로 운반해주기까지 했다. 아아, 대체 무엇을 팔려고 그러는 걸까? 로비로 돌아오자마자 나는 부담을 털어내듯 질문을 던졌다. 그녀는 씩 웃으며 손수 프린트한 여행 프로그램 안내서와 선배 여행자들의 칭찬이 가득 적힌 노트를 꺼냈다.

이 모든 것이 어제 미토에서 계획에도 없던 보트 투어를 하게 된 과정과 똑같아 놀라웠다. 어제도 호텔 근처를 배회하고 있던 오토바이 탄 언니가 내게 어디로 가느냐고 묻더니, 호텔까지 데려다주고, 내 가방을 방으로 운반해주었다. 원래 계획은 껀터에서 보트 투어를 하는 것일 뿐, 미토에서는 계획이 없었는데, 그녀의 영업전략에 걸려들어서 그녀의 남동생이 운전하는 보트를 타고 미토 근처를 돌아다니며 구경을 했던 것이다.

비옥한 토양과 풍부한 수량으로 수많은 사람들을 먹여 살리는 생명의 젖줄 메콩강. 메콩 삼각주에서는 사람들이 거미줄처럼 뻗어 있는 수로를 따라 작은 배를 노저어가며 하루하루를 살아간다

이곳 껀터에서는 아침 6시부터 오후 2시까지 8시간짜리 보트 투어가 15달러 정도라고 했다. 원래 고객이 망설이면 어느 정도 할인 가격을 제시하는 것이 베트남 상인들이 장사하는 순서이다. 그러나 이 언니는 할인에 대해서는 얘기하지도 않고, 그냥 잘 생각해보고 다른 곳과도 비교해본 뒤 원하면 전화를 달라고 명료하게 말할 뿐이었다. 사람의 마음을 움직여 장사할 줄 안다는 생각이 들었다. 갑자기 마음이 열리면서 그녀의 인생사가 궁금해졌다. 하루를 함께 다니며 베트남에 대해 긴밀하게 물어볼 수도 있으리라. 혹시 친구가 될 수도 있지 않을까?

마음의 결정은 내렸지만, 전화를 걸지 않고 저녁까지 꾹 참고 기다려보기로 했다. 혼자 가기엔 좀 부담이 되는 금액이라고 내 뜻을 비쳤으니, 시간이 촉박해지면 그녀가 먼저 할인을 제안해올 것 같아서였다. 오후 내내 도시를 다니면서 장사하는 사람들의 가격을 받아보니, 그녀가 제시한 가격이 가장 저렴한 것은 확실했다.

그러나 저녁 8시 반이 되어도 그녀는 나타나지 않았다. 점점 불안해진 나머지 방을 나서는데, 계단을 뛰어올라오는 그녀와 맞닥뜨렸다. 그녀는 나를 보자마자 기쁨에 들떠 외쳤다.

"2명 더 찾았어요! 3명이 함께 가면 가격이 더 내려가니 좋죠?"

그녀는 오후 내내 돌아다니며 나에게 했던 것처럼 수많은 외국인들에게 접근했고, 결국 2명을 더 찾아낸 것이다! 그녀의 집념에 놀란 나는 그 즉시 전액을 내고 투어를 신청했다.

다음날 새벽, 배 타는 곳으로 가서 2명의 손님과 인사했다. 호주에서 온 여대생들이라 쉽게 친해질 수 있었다. 보트에서 이런저런 이야기를 하다가 이들에게 베트남 사람들에 대해 어떻게 생각하는지 물었더니, 다른 여행자들과 비슷한 말을 꺼냈다.

"베트남 사람들은 외국인들을 돈 나오는 기계로 보고 이용하려고만 하는 것 같아요. 이 아름다운 자연을 가진 나라가 국토 곳곳을 엉망으로 파헤치고 환경을 파괴시키며 힘없는 사람들에게 고통을 안겨주는 것이 보여서 정말 유감이에요."

하지만 이게 사실일까? 우리가 현지인을 멋대로 판단하는 것인지를 알려면 역시 이곳 사람들의 인생사를 그들 입으로 생생하게 들어봐야 한다. 마침 이 친구들도 학부에서 인류학을 전공했다고 해서, 우리는 의기투합하여 가이드 하에게 다양한 질문들을 건넸다. 베트남의 정치에 대해 물어보자 그녀에게선 첫 문장부터 전혀 예상할 수 없었던 내용이 흘러나왔다.

"지금도 우리 어머니는 전쟁 때가 더 좋았지 하고 자주 말씀하시곤 해요."

미국과 전쟁하던 당시, 미군은 일반 서민들을 위해 쌀, 고기, 우유 등의 식량을 배급해주는 한편 아이들이 모두 학교에서 교육을 받을 수 있게 해주었다. 덕분에 여자들은 편하게 살았다. 하지만 전쟁이 끝나자 하루에 한 끼 먹기 힘들 정도로 식량이 부족해졌고, 학교 등록금도 비싸져서 아이들이 많은 집에서는 초등교육 이상의 공부를 시킬 수 없었다.

하의 어머니는 6남매를 낳았지만, 2명은 어릴 때 죽었다. 하는 5년간 초등학교를 다닌 뒤 어머니를 도와 시장에서 생선과 야채를 팔며 10대를 보냈다. 그러다가 영어를 독학으로 마스터하여 18년 전부터 외국인들에게 지금과 같은 관광 사업을 시작했다. 하는 매일 새벽 6시에 나와 손님들과 함께 2시까지 투어를 진행하고, 그 이후로는 호텔과 식당을 돌아다니며 다음날의 손님을 찾는 생활을 해오고 있다. 새벽부터 너무 바쁘기 때문에 그녀에겐 친구를 만날 시간도 친구도 거의 없다.

"하, 그렇게 사는 것이 행복해요?"

"그럼요! 왜 제 이름이 하인 줄 아세요? 하하하, 항상 행복하게 웃기 때문이지요!"

이해하기 어려웠다. 너무 바빠서 친구도 없고, 연애할 시간도 없어 30대 중반의 올드미스가 되어버린 하는 40대 중반의 나이처럼 보였다. 보통의 베트남 여인들은 햇볕에 타지 않으려고 항상 마스크에 팔 토시를 하고 다니는데, 하는 배 위에 앉아 바닷바람을 쐬며 햇볕을 받아서인지 얼굴이 거칠고 주근깨투성이었으며 머리카락도 푸석했다. 미래도 불확실하고, 부패한 정부에 대해 불만도 많은 이 사람이 어떻게 행복하다고 단언할 수 있을까?

하는 돈을 벌면 악착같이 모아서 땅 사고 집 사는 데 보태고 있다. 정부 주도의 개발 바람이 껀터 건너편에 사는 그녀의 동네에까지 불고 있기 때문이다. 정부는 사람들에게 보상금을 쥐꼬리만큼 주고 딴 곳으로 강제 이주시키고 있지만, 그 보상금으로 다른 땅을 사는 것은 불가능하기 때문에 사람들은 점점 더 변두리로, 조건이 나쁜 땅으로 밀려나고 있다. 세상 어느 곳이나 관 주도의 개발은 비슷한가 보다.

하는 베트남에서는 언제 그런 일을 당할지 모르고 또 당해도 하소연할 곳이 없기 때문에 미리 자신의 땅과 집을 갖는 것이 중요하다고 강조했다. 그녀는 공사중인 새 다리를 가리키며, 정부가 이 다리를 놓는 것이 아주 못마땅하다고 고개를 저었다. 그 동네 사람들 대부분이 불만을 갖고 있는데, 특히 나룻배를 저어 먹고 살던 사람들은 먹고 살기가 더 어려워졌다. 20~30년 전엔 마을 주민의 70~80퍼센트가 어부였으나, 지금은 그들의 20~30퍼센트만 남고 나머지 사람들은 어디론가 사라졌다. 외지인들이 새로 솟은 건물과 가게를 차지하고 들어오면서 그녀의 고향은 빠르게 변화하고 있다.

하에 의하면 사람들은 정부를 싫어한다. 호주인 제니가 정부를 변화시키기 위해 무엇을 할 수 있느냐고 묻자, 하는 단호하게 고개

노 젓는 틈틈이 설명하고, 풀로 액세서리도 만들어주느라 바빴던 우리의 가이드 하. 그녀
에게서 베트남 사람들의 강인한 생명력을 느낄 수 있었다

를 가로저으며 아무것도 없다고 잘라 말했다.

"여기에서는 돈 많은 사람이 말하면 정부에서 들어주지만, 돈 없는 사람이 말하면 한귀로 듣고 한귀로 흘려버려요. 게다가 잘못 보이면 자신은 물론 온 가족이 불이익을 당하니, 그냥 참고 자기 살 길만 찾아요."

하는 고향을 떠나본 적이 없다. 여유 없이 사는 탓도 있고, 정치 경제적 제약도 있다. 베트남인이 외국에 나가려면 은행에 큰돈을 예치해야 하는데, 귀국하지 않으면 그 돈은 국가에서 몰수한다. 선진국은 비자 받기가 어렵고, 이웃나라 캄보디아는 전쟁과 지역 감정 때문에 가기가 무섭고, 라오스는 그나마 방문하기 쉽지만 갈 이유가 별로 없다고 한다. 베트남인들은 먹고 살기가 빠듯해 여행 경비를 마련하는 것이 거의 불가능하다. 하가 가장 멀리 가본 곳은 호치민이 고작이다. 아직도 많은 베트남인들이 태어난 곳에서 평생 살다가 죽는다.

하의 검게 탄 얼굴에는 억척스런 세월이 짙게 배어 있었다. 그녀는 눈치가 빨라 고객을 만족시키기 위해 많은 노력을 했다. 파인애플을 깎고, 풀잎으로 왕관, 반지, 팔찌, 목걸이 등을 만들어 우리를 장식해주는 등 끊임없이 손을 놀렸다. 나도 관광업계에 있으면서 세상의 많은 곳을 가보았지만, 이렇게 똑똑하고 눈치 빠른 현지 가이드는 만난 적이 없다.

하지만 독학으로 배운 그녀의 영어는 발음도 문법도 많이 약했고 특히 단어가 부족했다. 다른 가이드들보다 눈치가 빨라 영어를 잘 하긴 했지만 깊은 대화를 나누기는 어려웠다. 게다가 이곳의 난개발로 관광자원은 점점 망가지고 있다. 하에게 밝은 미래가 올 수 있을까.

하는 배가 항구에 도착하기 10분 전, 칭찬노트를 꺼내어 우리에게 한 마디씩 쓰게 하더니, 명함 한 움큼을 주며 외국인 친구들에게 자신을 추천해달라고 부탁했다. 그녀가 고객에 대한 감사 인사를 끝내자마자 배가 항구에 닿았다. 그녀는 뒤도 돌아보지 않고 휘적휘적 자신의 갈 길을 갔다. 내일의 손님을 찾아야 한다는 생각에 마음이 급했을 것이다.

그날 호주 친구들과 저녁을 먹으며, 베트남 사람들과 친구가 될 수 있을지 의견을 나누었다. 베트남 문화에 대한 책을 찾아보니, 베트남 사람들과 친해지기 힘든 것은 언어의 장벽 때문만은 아니라고 한다. 베트남 전쟁 후 공산주의자들의 재교육, 남베트남 정부 지지자들에 대한 감시 등의 기억으로 인해 베트남 사람들은 외국인에 대해 경계하는 태도를 가지게 되었다. 또한 시련의 연속이었던 역사적 경험으로 인해 아주 강한 자기 보호본능을 갖게 되었다. 베트남 사람들은 자신의 앞길을 방해하는 것으로 보이는 사람에게 분노와 복수심, 원한을 가지며, 사회 하층민은 그런 불만 요소를 절도, 타인에 대한 저주나 폭력으로 풀기 때문에 외국인들은 사소한 것이라도 원한을 살 만한 행동은 하지 말라는 충고도 적혀 있었다. 외세에 시달린 사람들의 방어수단인 민족주의, 부패한 정부에 대한 불신, 전쟁의 후유증 때문에 누구나 자기 것만 철저히 챙길 수밖에 없는 상황이 된 것이다.

우리도 그런 상황에 처한다면 하처럼 살게 될지도 모른다. 우리는 하와 마음을 나누는 친구가 되고 싶어도, 하에게 우리는 밥을 먹게 해주는 수단에 불과한 것이다. 하는 존경스러울 정도로 강인한 의지를 가졌으며, 자신의 위치에서 최선을 다하는 멋진 언니였지만 아쉽게도 그녀와는 친구가 될 수 없었다.

엄마가 둘이에요

껀터에서 나는 세상을 보는 새로운 관점을 또 한 가지 배우게
되었다. 베트남인의 인생사에 대해 베트남인의 관점으로 자세히
들어본 것도 처음이지만, 동성 부부가 인공수정으로 낳은 시험관
아기의 인생사를 들은 것도 처음이었다. 몸도 마음도 너무나 건강
한 호주의 여대생 제니는 스스럼없이 엄마들이 동성애자이며, 자
신이 시험관 아기로 태어났다고 이야기했다.

"잠깐, 너, 부모님이 동성애자라고 말했니?"

"응, 그거 재미있는 이야기인데, 듣고 싶어? 일단 나의 생물학적
인 어머니의 역사부터 시작해야 해."

제니의 생물학적인 어머니는 21세 때 남자와 결혼했다. 그녀는

보트 투어를 함께한 호주의 여대생들. 하가 만들어준 풀 귀걸이를 걸고 즐거워하고 있다. 왼쪽 여대생은 동성애자 어머니에 의해 시험관 시술로 세상에 태어났는데, 세상에 대한 고마움과 긍정적인 에너지가 가득했다

아이를 갖고 싶어했지만 실패했고, 3년 후 그 결혼은 깨졌다. 그녀는 다시 결혼했고, 새 남편은 아이 갖는 것을 부담스러워했다. 그 결혼도 곧 깨졌다. 당시 제니의 어머니는 히피 분위기가 대학가를 휩쓸 무렵 다양한 '열린 관계'를 가졌고, 서른이 넘으면서 서서히 자신이 동성애자임을 알게 되었다. 그때 현재의 파트너를 만났고, 지금까지 25년간 둘은 함께 살고 있다.

제니의 어머니는 34세 때, 오랜 소원이었던 아이를 갖기 위해 정자를 기증해줄 수 있는 남자를 찾기 시작했다. 가장 친한 친구들에게 의사를 두루 물어본 후, 한 친구에게 정자를 받아 시험관 수정을 한 뒤 자궁에 착상했다. 그렇게 태어난 아이가 제니다. 제니는 어릴 때부터 생물학적인 어머니는 '엄마', 그녀의 파트너는 '앤'이라고 이름을 부른다.

사춘기 때는 '나의 복잡한 가족 관계를 알게 되면 친구들이 날 싫어할지도 몰라'라는 생각에, 아주 친해지기 전까지는 가족에 대해 이야기하지 않았던 때도 있었다. 그러나 친구들이 "바보같이 굴지 마, 우리는 너를 있는 그대로 사랑해"라고 용기를 북돋아줘서, 가족에 대해 스스럼없이 말할 수 있게 되었다. 오히려 지금은 이 이슈에 대해 알리고 함께 생각을 나누고 싶다는 생각에 먼저 이야기를 꺼낼 때도 많아졌다.

편견을 가진 많은 사람들은 엄마만 2명이면 아이가 성정체성 및 가족 구조에 혼란을 느낀다고 주장한다. 하지만 당사자인 제니는 자신의 가족에 대해 전혀 문제점을 느끼지 않는다고 강조했다. 사람들은 동성 커플의 아이들은 동성애자가 되기 쉽다고 말하지만, 그것 또한 편견일 뿐이다. 제니는 자신의 성적 정체성에 대해 완전히 마음을 연 상태이고, 12세 때부터 지금까지 남자만 사귀어 왔다. 편견을 갖거나 자신을 억제해서가 아니라 자연스러운 일이었다.

친구들 중에도 동성애자가 많지만 아무렇지도 않게 받아들이는 분위기라고 했다. 그녀의 친구 중에 시골의 특수 종교집단에서 살다가 커밍아웃과 동시에 모든 사람들에게 버림받아 멜버른으로 온 게이 친구가 있다고 한다. 그는 어릴 때부터 함께 자란 친구들에게 버림받았고, 부모님과도 사이가 나빠져서 가끔 그들과 연락하고 지낼 뿐이다. 제니는 대도시에서 새로 사귄 친구들과 함께 인생에서 가장 자연스러운 모습으로, 가장 행복한 모습으로 지내는 친구를 볼 때마다 사람을 배제하는 그의 종교가 이상하게 보인다고 했다.

제니의 생물학적인 엄마는 힘과 카리스마가 넘친다. 중요한 모임에 나갈 때에도 항상 청바지에 셔츠 차림이며, 집에 있을 때는 늘 작업복 차림이다.

"난 엄마를 무척 사랑해. 엄마는 항상 엄마 자신이며 당당하고 솔직해. 다른 사람들이 자신을 어떻게 볼까 하는 건 전혀 신경 쓰지 않아."

제니의 엄마는 심리학 교수인데, 학생들은 그녀가 동성애자인 것을 다들 알고 있지만 신경 쓰지 않는다. 또한 강의할 때나 신문이나 잡지 등에 기고할 때에도 자신이 동성애자라는 것을 밝히고 자신의 입장을 솔직하게 쓰기 때문에 언제나 말과 글에 힘이 넘친다고 한다.

엄마의 파트너인 앤은 사람을 분류하는 것에 반대하는 입장이

메콩강 유역에서 흔히 볼 수 있는 대중적인 운송 수단들. 자전거나 오토바이, 혹은 그것을 약간 개조한 운송 수단에 상상할 수 없이 많은 사람과 동물, 채소, 가구, 바구니, 곡식을 싣고 복잡한 길을 헤치며 다닌다

다. 그녀는 "나는 이 사람을 사랑할 뿐, 동성애자도 양성애자도 아니다"라고 말한다는 것이다. 그녀도 심리학자이며 뇌 손상을 당한 사람들을 상담하다가 5년 전 조기은퇴를 했다. 지금은 집 안 가꾸는 것을 즐기며 요리를 자주 하고, 제니를 돌봐주고, 심리학 세미나 같은 학술 모임을 조직하는 일로 자원봉사를 하고 있다.

내가 그녀의 생물학적인 아버지를 본 적이 있느냐고 묻자, 제니는 그를 자주 만난다고 했다. 엄마와 생물학적인 아버지가 친한 친구이므로, 아버지의 부모님과도 할아버지, 할머니 관계처럼 친하게 지내고, 아버지의 아이들과도 고루고루 친하단다. 물론 그 집안의 유전자를 50 퍼센트 공유했기 때문에 다리에 털이 없는 것이며 생긴 것도 꼭 빼닮았다. 이 모든 관계에서 그다지 행복하지 않은 사람은 생물학적인 아버지의 아내와 앤의 부모님뿐이다.

"누군가가 행복하게 살고 있는데 그것을 못마땅해하는 것은 그 자신의 문제일 뿐이라고 생각해. 그리고 부모님이 어떤 사람이건 간에, 어떻게 보이건 간에 아이에게 가장 중요한 것은 자신을 사랑해주는 누군가가 있다는 거라고 생각해. 난 정말 운이 좋고, 그들을 너무나 사랑해."

제니는 심리학을 주제로 한 국제개발에 관심을 갖고 있었다. 학과 교수 중 1명이 르완다에서 내전 후의 트라우마를 치유하는 프로젝트를 진행 중인데, 제니도 참여할까 말까 고민하는 중이라고 했다. 첫 몇 년간은 보수가 거의 없지만, 학문을 이용해서 제대로 사람을 돕는 일을 하려면 이런 일을 해보는 것이 중요하기 때문이다.

내가 여행을 좋아하는 이유 중 하나는 이렇게 다양한 사람들을 통해 세상을 폭넓게 배울 수 있다는 점이다. 물론 한계는 있다. 여행자들은 대부분 잘사는 나라에서 온 사람들이라 취향은 달라도 사회경제적 지위가 크게 다르지 않으므로 쉽게 공감하고 서로 친구가 될 수 있지만, 소위 후진국의 현지인과 선진국에서 온 여행자는 친구가 되기 어렵다. 친구가 되려면 '호혜적 관계'가 성립되어야지, 일방적인 관계는 지속되기 힘든 것이 현실이기 때문이다. 지금까지 다양한 곳을 다니며 성적 취향, 종교, 민족 정체성이 다른 친구들을 많이 사귀었지만 사회경제적 위치가 다른 현지인과는 '친구'라 할 만한 장기적인 관계를 맺은 적이 없으니, 우정에 있어서 가장 뛰어넘기 힘든 벽은 사회경제적 위치인 것 같다.

하지만 시시콜콜한 일상사를 공유하는 친구까지는 되지 못한다 하더라도 최소한 서로를 존중하고, 즐거운 추억을 남길 수 있다면 그것만으로 값진 경험이 아닐까.

강인한
생명력의 나라

베트남 사람들은 끈질긴 것으로 유명하다. 여행자들은 한 사람을 2시간씩이나 웃는 얼굴로 좇아다니는 씨클로 기사나 거지를 보며 소름 끼쳤던 경험에 대해 이야기하곤 한다. 인류학자 전경수 교수는 《베트남 일기》에서 영리함과 끈기 면에서 한국인이 70점이라면 베트남인은 90점이라고 표현한 적이 있다.

베트남인의 장사 수완을 보면 소름 끼칠 정도로 무섭기도 하지만, 익숙해지면 그 끈질김과 성실함, 잘 살아보려는 굳센 의지가 매력적으로 다가오기도 한다. 미국의 저널리스트 말콤 글래드웰은 《아웃라이어》라는 책에서 '베트남은 쌀농사를 짓는 유교 문화권이기 때문에 동남아에서 유일하게 근면성실한 나라'라고 분석한 바 있다.

베트남은 사람뿐만 아니라 자연도 매력적인 나라이다. 베트남처럼 생명력이 넘치는 곳은 찾기 힘들다. 베트남에는 다양한 자연경관과 소수민족들이 있으며, 멋진 문화유적들과 예술적인 음식도 있다. 특히 훼에는 요리사 50명과 하인 50명을 거느린 미식가 황제가 살았던 덕분에, 지금도 단돈 10달러를 내면 아름다운 정원에 둘러싸인 고가옥 레스토랑에서 8코스짜리 황제 만찬을 즐길 수 있다. 300원만 내면 즉석에서 내린 질 좋은 원두커피를 마시며 해먹에 누워 쉴 수 있는 커피숍도 곳곳에 있다. 한 집 건너 한 집이 밥집이라는 것, 여러 가지 채소와 고기를 올린 덮밥이 1,000원 남짓이라는 것, 과일 스무디인 신토를 아무 데서나 사먹을 수 있으니 주로 거리에서 생활하는 자전거 여행자에게는 젖과 꿀이 흐르는 땅이나 마찬가지이다. 또한 대승불교의 영향으로 채식 식당이 많아서 채식주의 여행자들에게도 천국과 같은 곳이다.

대승불교가 남긴 또 하나의 문화는 도시 곳곳에서 새장에 든 새를 파는 것이다. 새장이 자주 보여 이유가 궁금했는데, 책을 찾아보니 이는 애완용으로 기르기 위한 것이 아니라 방생을 위한 것으로, 이렇게 하여 공덕을 더 많이 쌓고자 하는 거란다.

그런데 새에게까지 자비를 베푸는 대승불교의 신자들이 외지인에게는 왜 이렇게 각박하게 굴까? 이곳 사람들은 국가나 은행을 믿지 못한다. 돈을 벌면 즉시 달러나 금으로 바꿔 집 안 금고에 보관하기 때문에, 아주 튼튼한 몇 중으로 된 철문으로 대문을 잠근다. 월급이 적어 대부분의 사람들이 집 1층에 조그만 구멍가게를 열고, 일이 끝나면 아르바이트를 하는 바람에 공식 경제보다 더 큰 지하경제가 발달해 있다.

한 사회 구성원들이 익명의 다른 구성원들을 어떻게 대하는지를 가장 잘 알아볼 수 있는 척도가 운전습관이라는데, 전쟁이라도 벌어진 듯 각자의 전투가 벌어지는 도로에서는 서로가 서로를 경쟁자로 따돌리려 할 뿐 양보하거나 도와주지 않는다는 것을 금세 알 수 있다. '우리 편'이 아니면 적대시하는 태도는 자연 자원을 대할 때도 비슷하게 나타난다. 자연은 아끼고 보호해야 할 공동의 것이 아니라 먼저 개발하는 사람이 임자이므로, 계획도 토론도 없이 고갈될 때까지 일단 먼저 사용하자는 분위기가 만연해 있다. 베트남에는 아름다운 천혜의 자연을 마구잡이로 개발한 관광지들이 많아서 안타깝다.

아이러니한 것은 이런 소란에 익숙해지고, 기대를 버리고 나니까 그때부터 순박한 모습들이 자꾸 눈에 들어오기 시작한다는 것이다. 조그만 강가 마을의 공사장에서 내가 사진을 찍어준 소녀는 나를 강가로 데려가더니, 저 사람들 사진도 찍으라며 열심히 안내를 해주었다. 커피숍의 해먹에 누워서 셀카를 찍자, 기어코 사진을 찍어주며 기뻐한 군복 입은 아저씨도 고마웠다. 냐짱에서 버스를 환승하면서 커피를 마실 때는, 옆자리에 있던 어떤 처녀가 갑자기 "이 떡 좀 먹어보세요" 하고 한 조각을 조건 없이 내어주기도 했다. 롱수옌Long Xuyen에 거의 다 와서 길을 잃고 헤매고 있을 때 저 멀리서 손을 흔들며 뛰어온 아저씨도 잊을 수 없다. 뭘 팔려고 그러는지 의심했는데, 알고 보니 외국인을 만나면 영어를 연습하고 싶은 열의에 불타는 아저씨였다. 별별 어려운 영어 단어를 골라 쓰면서 길 안내에, 베트남 소개에 자기소개까지 하는 모습이 귀엽기까지 했다.

최고의 반전은 한참 나중의 일이지만, 캄보디아 여행을 마친 뒤 다시 베트남으로 들어와 호치민으로 돌아가기 전날 벌어졌다. 항공사에 웨이팅이 풀렸는지 확인 전화를 하자, 직원이 모레 저녁에 좌석이 하나 생겼다며 바로 예약을 해주었다. 그렇다면 다음날 호치민에 도착해야 했다. 물론 100킬로미터도 안 되는 거리이니 자전거를 타고 가도 되겠지만, 호치민에서는 도로를 가득 메운 오토바이들 때문에 자전거를 타는 게 몹시 위험하다고 가이드북에서도 극구 말리지 않던가.

버스로 시내까지 이동하는 것이 최선의 방법이었다. 시외버스 터미널이 어디인지 알기 위해 영어를 한 마디도 못 하는 여자 직원과 남자 직원을 붙들고 낮에 1차 토론, 밤늦게 2차 토론을 했다.

하지만 여자 직원은 버스가 이 앞에 선다고 했다가, 어딘가에 전화를 걸어보더니 4킬로미터를 더 가야 한다고 했다가, 또 까오다이 교황청 앞에도 버스가 있다는 식으로 자꾸 번복해서 믿을 수가 없었다. 호텔 투숙객들을 붙들고 "혹시 영어 하시나요?" 하고 물어보았지만, 다들 고개를 흔들며 지나가버렸다.

다음날, 일단 호텔 근처 식당에서 아침을 먹고 계산을 했다. 아저씨가 영어로 가격을 알려주더니, 어디서 왔느냐고 물었다. 지푸라기라도 잡는 심정으로 터미널이 어디인지 물어보았더니, 거리로 한참이나 나를 데리고 나가 저쪽으로 가면 된다고 알려주었다. 조금 있다가 다시 오면 어디인지 확실히 알려주겠다고 해서 가방을 챙긴 뒤 다시 돌아갔다. 마늘을 찧고 있던 아저씨는 갑자기 헬멧을 쓰더니, 오토바이에 시동을 걸었다. 나를 터미널까지 에스코트해주겠다는 것이다.

어제 그 직원이 알려준, 까오다이 교황청에서 100미터 떨어진 간이정류장으로 가서 아저씨가 그곳에 있던 할머니에게 교통편을 묻자 할머니는 화를 내면서 장광설을 늘어놓았다. 여기서 표를 사면 너무 비싸다는 내용이었다며, 아저씨가 또 따라오라고 했다. 결국 우리는 4킬로미터 떨어진 떠이닌Tay Ninh까지 함께 가고 말았다. 이제 됐다고, 방향만 알려주면 혼자서 찾아가겠다고 거듭 말해도 아저씨는 웃으며 내 1미터 앞에서 천천히 달려갔다.

그때까지도 '베트남 사람들은 자신의 이익밖에 몰라, 상대가 귀찮아하든 말든 자신이 팔고 싶은 물건만 악착같이 팔면 그만이야, 정말 독한 사람들이야'라고 생각하고 있었는데, 마지막 날에 이런 도움을 받은 것이다. 여러 가지 생각에 머리가 복잡해지는데, 아저씨는 환한 웃음을 지으며 버스 정류장 직원 할아버지에게 나를 인수인계했다. 백발이 성성한 응우옌 반반 할아버지가 자신만 믿으라는 듯 가슴을 주먹으로 탕탕 치는 동안 식당 아저씨는 손을 흔들며 사라져버렸다. 또 돈을 요구하는 것이 아닐까, 그 말이 나오기 전에 내가 얼마를 쥐여줘야 하는 것이 아닐까 하고 혼자 고민하는 중이었는데 고맙다는 인사도 채 건네지 못했다. 식당 아저씨는 내게 1,000원도 안 되는 음식을 팔았을 뿐이며, 나와 우정을 나누거나 깊은 이야기를 한 사이도 아닌데 왜 이런 친절을 베푼 것일까?

　사람들에게 실망하고, 사람들에게 감사하는 과정을 거치면서 베트남에는 특별히 미운 정, 고운 정이 들어버렸다. 혼자 다녀서 그런지 이곳이 아주 드라마틱하고 재미있기까지 했다. 다음에는 북부 고원과 남부 소수민족 마을까지 찾아다니며 이 매력적인 땅을 더 깊이 체험하고 싶다.

7부

캄보디아

따께우Takeo 깜뽓Kampot 껩Kep 깜뽓Kampot
시하누크빌Sihanoukville 프놈펜Phnom Penh 꼼뽕짬Kompong Cham
프레이벵Prey Beng 스바이리엥Svay Rieng

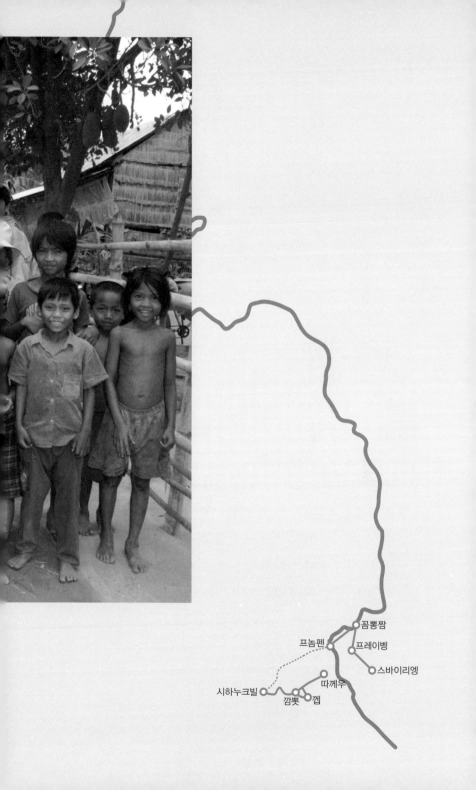

꼼뽕짬

프놈펜 프레이벵

스바이리엥

따께우

시하누크빌 껩
깜뽓

변화의 중심에 선
캄보디아

따께우Takeo에 도착하여 숙소를 정한 뒤 도시를 한 바퀴 돌았다.
볼 것이라곤 악명 높은 크메르 루즈의 전범이었던 타목이 살던 집
외엔 없는 곳이다 보니 관광객을 만날 수 있을 거라고는 기대하지
않았다. 그런데 코너를 도는 순간, 금발의 남자가 혼자 걷고 있는
것이 보여 급브레이크를 잡았다.

캐나다인 노총각 잭이 나중에 회상한 바에 의하면, 갑자기 먼지
구름 속에서 자전거가 한 대 튀어나오는 것이 만화 속의 풍경 같
았다고 한다. 그는 버스 안에서 사귄 캄보디아인 아저씨와 저녁을
먹기로 했단다. 프랑스에서도 살았고, 영어도 잘하는 엘리트 캄보
디아인이니 캄보디아에 대한 깊이 있는 이야기를 들려줄 것 같아

서 저녁식사에 나도 끼워달라고 부탁했다.

두꺼운 뿔테 안경을 쓴 캄보디아 아저씨 놀은 어릴 때부터 공부를 잘해서 프랑스 정부 장학금으로 대학원까지 마친 인재이다. 그후 프랑스에서 10년간 살았지만, 일만 마치면 뿔뿔이 흩어지는 프랑스 사회를 견디지 못하고 몇년 전에 고국으로 돌아왔다. 지금은 독립 컨설턴트로, 아시아개발은행이나 국제 NGO들이 캄보디아 농촌 관련 프로젝트를 할 때 단골로 손을 잡는 파트너이다.

그는 동남아의 거의 모든 시골을 돌아다닌 농촌 경제 전문가이지만, 경제학자들이 주도하는 농촌 개발은 문제가 많다고 했다. 세계은행 같은 곳에서 인류학자의 비율이 크게 늘어나고 있지 않느냐고 내가 말하자, 고개를 끄덕이며 캄보디아에 지금 필요한 것은 이론이 아니라 실제로 사람들의 삶을 정확하게 살펴보는 것이라고 했다. 크메르 루즈 정권 때도 정확한 예측 없이 '혁명정신으로 열심히 피땀 흘려 일하면 된다'는 구호 아래 사람들을 괴롭혀가며 운하를 만들고, 땅을 팠지만, 결국 시간과 노력을 낭비하고 자연과 사람들의 삶을 파괴시키기만 했다.

"캄보디아는 변화의 소용돌이 속에 있어. 수많은 전통들이 바뀌고 곧 없어질 거야. 반면에 많은 현상들이 새로 생겨나고 있지만, 캄보디아를 인류학적으로 연구하는 학자는 세계적으로 드물어. 농촌개발, 소수민족, 트랜스젠더, 식민주의 등등 재미있는 주제가 많은 곳인데. 경제만이 아니라 사람들의 문화까지도 함께 연구하면 이 나라의 발전에도 큰 도움이 될 거야."

놀은 내게 캄보디아에 대해 연구할 것을 제안했다. 놀이 진단한 캄보디아의 실업 문제 중 하나는 경제학자들만 많다는 것. 캄보디아에 지금 절실히 필요한 건 기술자와 제조업자인데 똑똑한 학생들은 무작정 서양의 흉내를 내느라 MBA 과정으로 몰려가고 있다. 그래서 실업률은 높지만 쓸 만한 인재는 없다고 했다.

"다음에는 꼭 미리 알려주고 와. 그러면 차나 오토바이를 타고 전국을 돌아다니며 함께 현장을 볼 수 있을 거야. 프랑스에서 친하게 지냈던 프랑스인 사회학 교수가 내일 오는데, 셋이 함께 다니면 재미있을 것 같지만 이번에는 어쩔 수 없구나."

그는 독학으로 공부해서 동남아의 모든 언어를 읽고 쓸 수 있었다. 크메르어는 모국어니까 당연히 완벽하고, 베트남어, 중국어, 태국어, 영어, 프랑스어는 상급 수준이고, 스페인어는 초급 수준이다. 동남아뿐 아니라 전 세계의 정치, 경제에 대해서도 박식했다. 우리나라 역대 대통령의 이름을 순서대로 줄줄 꿰며, 개인별 특징도 알고 있었다. 심지어 도서관에 있는 김일성 주체사상 10권짜리 전집도 읽었다고 했다.

캐나다인 잭은 한곳에 정착하지 않고 끊임없이 돌아다니는 사람이었다. 20대에 시작하여 40대 중반이 되도록 세상의 수많은 곳

우연히 초대받은 결혼식. 이날만큼은 세상에서 가장 멋지게 차려입은 캄보디아의 신혼부부가 카메라 앞에서 포즈를 취하고 있다

을 가보았고, 지식도 풍부했다. 그는 똑똑하고 탐험심 강하던 친구들이 결혼만 하면 모든 에너지를 아이 키우기에 쏟아부으며 지루한 사람으로 변해가는 것이 싫었다. 여자 친구는 많았지만, 항상 새로운 것을 배우고 새로운 곳을 여행하는 것이 우선순위였기에 결혼은 하지 않았다. 덕분에 전 세계의 문학작품을 많이 읽었고, 5개 언어를 수준급으로 구사할 수 있게 되었지만 40대 중반이되자 왠지 삶이 허무해졌다. 이번에는 직장에서 해고 당해서 여행을 하게 되었는데, 인생의 새로운 방향을 찾아야 할 시점인 것 같다고 했다. 그는 구슬픈 목소리로 말했다.

"내가 사는 서양 사회는 존경심이라는 가치를 상실했어. 그러니사회 하층인 사람들이 동남아로 가는 거지. 이 나라에서는 선진국에서 온 백인이라는 이유만으로, 돈이 조금 더 많다는 이유만으로극진한 대접을 받을 수 있으니까 말야. 젊은 시절 그런 서양인들의모습이 싫었는데, 결국 지금까지 내가 해온 일도 별로 다르지 않은것 같아."

그는 나이가 들수록 자신의 정체성에 의문이 드는데, 이제는 여행만으로는 한계에 이른 것 같다고 했다.

"아프리카의 시골 사람들은 삶에 대한 지극함을 간직하고 있더구나. 그들은 세상 다른 곳에는 어떤 사람들이 어떻게 살고 있을지 궁금해하고, 낯선 곳에서 온 손님이 자신이 내어준 밥을 잘 먹기만을 간절히 바라는 사람들이야. 그 큰 눈 속에는 다른 세상을 향한 호기심과 열망이 가득해. 하지만 우리 서양인들은 그곳에 갈 돈이 있다는 이유만으로, 그곳에 다녀온 사람들의 이야기를 들을 수 있다는 이유만으로 그곳을 다 아는 양 무시해버려. 더 이상 어떤 것도 궁금한 것이 없고, 다른 세상에 대한 열망도 없어. 내 집이 있는 캐나다로 돌아가면 사람들의 시큰둥한 표정에 숨이 막힐 때가 있어."

잭은 놀보다 좀더 감성적이었다. 영화를 많이 보는 그는 전 세계에서 가장 흥미로운 영화가 한국 영화라고 했다. 서양에는 이미 그리스 로마 신화에서 전해내려온 소재를 우려먹을 대로 다 우려먹어 참신한 주제가 없지만, 한국인들은 서양인들이 생각해내지 못하는 놀라운 플롯과 과감한 이미지를 충격적으로 조합해낸단다. 그 속에서 한국인의 심성을 볼 수 있는데, 한국인은 규칙을 잘 지키고 성실하고 열심히 일하는 것처럼 보일지 몰라도, 그 어떤 사람들보다 대범하고 날것 그대로의 심성을 가진 것 같다고 했다. 서양인들이 잘 알지도 못하면서 흔히 한국인들을 보수적인 사람들로 치부해버리는 것은 큰 실수라는 것이다.

잭과 놀, 전 세계의 정치, 경제, 역사, 문화에 대해 줄줄 꿰면서 비평하기를 즐기는 사람 2명이 만났으니, 완전히 찰떡궁합이라 시간 가는 줄 몰랐다. 미국에서 대통령의 결정이 어이없는 실수에 의

해 증폭되면서 아래로 전달되다가 마침내 씻을 수 없는 역사적 과
오를 남겼던 예들이며, 이란에 혁명이 일어나면 중동과 전 세계에
어떤 영향을 미칠 것인가, 북한은 앞으로 어떻게 될 것인가 등등
온 세계가 이들의 도마 위에 올랐다.

　두 박학다식한 사람들의 이야기를 들으며 밥을 먹고, 차를 마시
고 팥빙수와 과일빙수를 먹다 보니 밤 12시가 되었다. 가로등 하
나 없는 어두운 거리를 더듬어 돌아오는데 캄보디아의 시골에서
소리소문 없이 사라졌다는 여행자들의 이야기가 떠올라 머리카락
이 쭈뼛 섰다. 하지만 그때까지도 자전거 바퀴에 펑크도 나지 않
고, 가는 곳마다 환영받으며, 재미있는 사람들과 이야기하며 새로
운 세상을 알아가고 있다는 사실을 생각하니, 알 수 없는 힘이 끝
까지 나를 지켜줄 것 같은 확신이 들었다.

시하누크빌에서 찾은
고향집

시하누크빌Sihanoukville까지 가는 길은 비포장길에 아스팔트를 깔고 있어서, 누런 먼지를 뒤집어쓰면서 가야 했다. 가슴이 조마조마했는데, 어느 순간 이번 여정에서 처음이자 마지막으로 펑크가 났다. 내 생애 처음으로 펑크를 수리해야 했다.

자전거를 뒤집어서 뒷바퀴를 떼어내고, 튜브를 분리하고, 헌 튜브는 일단 가방 속에 넣고 새 튜브를 꺼내 교체했다. 그리고 공기를 열심히 집어넣는데, 휴대용 펌프의 용량이 작아서인지 아니면 문제가 있어서인지 타이어가 부풀지 않았다. 조마조마한 마음으로 펌프질하길 1시간여, 그제야 타이어가 부풀기 시작했다.

시하누크빌 초입에서부터 시내, 해변에 이르기까지 1시간 정도는 살인적인 오르막 내리막의 연속이었다. 겨우 괜찮은 해변에 도착해서 숙소를 잡고 바닷가로 걸어가는데, 태극기가 그려진 자그마한 움막집이 보이는 것이 아닌가. 반가운 마음에 들어갔더니, 놀랍게도 70대 한국인 노부부가 나를 반겨주었다. 자식들을 키운 뒤 여행을 다니다가 이곳에서 한동안 살고 있는 중이라고 했다. 계속 떠도는 것이 재미가 없어 아예 한 곳에 1~2년씩 눌러앉기로 했는데, 그냥 놀면 쉽게 지루해져서 오가는 사람들의 이야기도 들을 겸 취미 삼아 식당 영업도 하게 되었다며 스스럼없이 털어놓았다.

이분들이 지내는 집은 2평짜리 방과 2평짜리 부엌이 전부이다. 짐도 거의 없는 것 같은데, 안주인은 곱게 화장을 하고 밝은 드레스를 입고 있었다.

"사람 사는데 많은 것이 필요 없더라고요. 이렇게 사니까 친구들도 반갑게 찾아오고, 자식들도 우리를 찾아와야 한다는 의무감에서 자유로워지고, 우리는 이렇게 예쁜 해변에서 바다를 보며 사니까 얼마나 좋은지 몰라요. 게다가 요즘 한국 젊은이들은 얼마나 당당하고 재미있어요? 우리가 식당이라도 하니까 이들과 어울릴 수 있지, 안 그러면 똑똑한 젊은이들이 우리 같은 늙은이들하고 놀아주기나 하겠어요? 이곳은 이제 충분히 즐긴 것 같아서 다음에는 어디로 가볼까, 정보를 모으고 있어요."

두 분의 평화로운 인상에서 삶에 대한 지극함을 읽을 수 있었

시하누크빌의 한국 식당 고향집. 주인 부부는 조그만 부엌 하나, 방 하나의 단출한 살림
을 살고 있지만 매일 세계 각국의 젊은이들을 만날 수 있는 것이 기쁘다고 했다

다. 나는 어디를 가든지 현지 음식을 즐겨먹는 편이지만, 시하누크 빌에서는 이분들의 이야기를 듣기 위해 계속 고향집을 애용했다. 세계 곳곳을 다니다보면 한국에서는 만나기 힘든 재미있는 한국 사람들을 우연치 않게 만나게 되는데, 이분들이 그랬다.

커피를 마시며 이야기를 나누고 있는데, 어떤 젊은 여자가 내게 말을 붙였다. 일본 교토대에서 인류학 석사과정에 재학 중인 중국 인이었다. 우리는 그 자리에서 의기투합했다. 저녁에는 함께 된장 찌개를 먹고, 그 옆에 있는 바에서 함께 맥주를 마셨다. 바에서 맥 주를 마시고 있는데 건너편에 있던 서양인 3명이 우리를 힐끔 보더 니, 마침내 시끄러운 테크노 뮤직을 뚫고 다가왔다.

"우리가 내기를 걸어서 여쭤보는 건데요, 중국인 맞아요?"

알고 보니 그들은 이곳에서 처음 만난, 유럽의 이 나라 저 나라 사람들이었다. 하지만 공통점이 있으니, 바로 중국에서 살고 있다 는 점이다. 학생 혹은 주재원인 이들은 곧 이 중국 친구와 중급 정 도의 중국어로 신나게 떠들기 시작했고, 중국인과 가장 문화적으로 가까워야 할 한국인이 혼자 소외되는 상황이 발생했다. 최근 2~3 년 동안 배낭을 메고 아시아로 쏟아져 나오는 젊은 중국인 여행자 들이 급증하는 한편, 중국에서 살거나 중국어를 공부하는 서양인 들이 늘고 있다는 것을 느끼고 있었는데, 이날도 마찬가지였다.

다음날 아침, 해변의 무선 인터넷 카페에서 노트북을 펼치고 앉앉다. 옆에서 40세 정도 되는 백인 아저씨가 "너 자전거 여행 다니니?" 하고 말을 걸어왔다.

그는 느닷없이 세계 최고의 자전거 코스는 영국령 어디에 있는가로 12킬로미터, 세로 40킬로미터짜리 섬이라고 하더니, 집에 있을 때는 자전거를 많이 탔지만, 아직 집에 가지 않아도 될 만큼 돈이 풍족해서 자전거를 타본 지 오래되었다고 말했다. 그가 돈이 많은 이유는 월드컵 기간 동안 일본의 축구 경기장 앞에서 티셔츠를 팔아서 3만 파운드, 우리 돈으로 약 6천만 원이라는 거금을 벌었기 때문이다. 그 돈으로 2년간 태국에서 호의호식하며 지냈지만 여전히 부자라고 했다.

"백인이라서 장사가 더 잘 됐죠?"

"응! 일본인들은 흑인이나 인도인에게는 잘 안 사. 내가 영국에서 왔다며 헬로, 헬로! 하고 소리 지르면 좋다고 막 사주지. 아, 그땐 돈이 마구 흘러들어 왔어. 맥주 마실래?"

"아침부터 맥주를? 이제 겨우 10시인데요?"

"낮시간에 맥주를 마시는 게 뭐가 어때서?"

그래, 그럼 나도 한 잔. 그는 앞으로도 돈이 떨어지면 태국에 있는 친구에게 티셔츠를 잔뜩 주문한 뒤, 일본에 가서 팔고 그 돈으로 동남아를 여행하며 살 거라고 했다. 인생이 참 간단하게 들리지만, 전지구화 시대에는 이런 식으로 사는 사람들이 늘고 있다.

오늘 다른 숙소로 옮기려던 계획이 맥주 거품이 되어 날아갔다. 눈이 살짝 풀린 그가 마리화나를 말면서 갑자기 영국 남부 사투리로 과거 이야기를 시작했다. 그는 16세 때 집을 떠나 건설 현장에서 돈을 벌면서 전문대를 다녔고 건축 기술을 배웠다. 그의 말에 따르면 심한 마약은 아니고, 그저 약초 따위를 팔다가 경찰에 현상수배를 당했단다. 그래서 스페인으로 도망가 그곳에서 사귄 영국인 여자 친구와 한동안 지냈다. 그러던 어느 날, 그녀가 집에 간다고 해서 아무 생각 없이 따라갔는데, 자기가 현상수배자라는 사실을 잊고 있었다나. 당연히 공항에서 경찰에게 잡혀 그는 감옥으로 직행했다.

아침부터 마약사범 전과자가 사준 맥주를 마시며 다정하게 이야기를 나누다니, 별 경험을 다 한다. 여행을 다니면 한국에서는 만날 기회조차 없었던 독특한 사람들과 쉽게 어울릴 수 있는데, 이들의 인생 이야기를 듣다 보면 내 인생 따위는 너무나 평탄하고 아무 걱정거리가 없는 것 같아 마음이 가벼워진다. 뒷이야기가 궁금했지만, 그는 나타날 때처럼 갑자기 사라졌다.

잠시 후 중동계의 한 청년이 내 옆 탁자에 앉더니 노트북을 펼쳤다. 그가 내 노트북을 보더니 한국인이냐고 물어왔다. 중국에서 MBA 과정을 공부하고 있는데, 한국 친구들이 많아서 한국어를 읽을 줄 알고, 중국어도 꽤 잘 했다. UN 공용어 중에서는 러

시아어와 스페인어만 더 배우면 된다는 그는 레바논 출신이다. 레바논 여권으로 다니는 게 그렇게 힘든지 몰랐단다. 미국 여권으로 갈아탈 기회가 여러 번 있었지만 애국심에서 레바논 여권을 끝까지 갖고 있는데, 아무리 힘들어도 후회하지 않을 거라고 했다. 하지만 애국심으로 버티기에는 레바논이라는 국적은 너무나 가혹하다. 동남아 국가들은 한국인은 대부분 무비자로 통과시켜주지만, 레바논 국적자는 국경을 넘을 때 은행에 잔고가 몇천 달러가 있는지 증명해야 할 때도 있고, 무조건 입국 거부하는 나라도 있단다. 호치민의 영사관도 가보고 별 수를 다 써봤지만 태국 비자를 얻을 수 없어 태국은 이번에 포기하고 그냥 집에 가는 길이라고 했다. 그의 친구들은 모두 태국에 있는데, 자기만 어쩔 수 없이 집에 가는 길에 캄보디아에 들르게 되었다는 것이다.

그가 레바논에서 산 것은 합쳐서 2년도 되지 않는다. 레바논의 상류층 사람들이 흔히 그러듯 초등학교 때부터 두바이의 가장 큰 사립학교에서 영어로 공부했다. 그후엔 캐나다 퀘벡에서 대학교를 다니며 불어를 배웠고, 대학원 MBA 과정은 중국에서 하고 있다. 그의 이야기를 듣다 보니 레바논은 시인 칼릴 지브란이 살았던 막연한 곳에서, 사람 사는 냄새가 진하게 나는 역동적이고 매력적인 곳으로 바뀌었다.

이 친구와 일본에서 공부하는 중국인 친구, 낮에 길에서 우연히

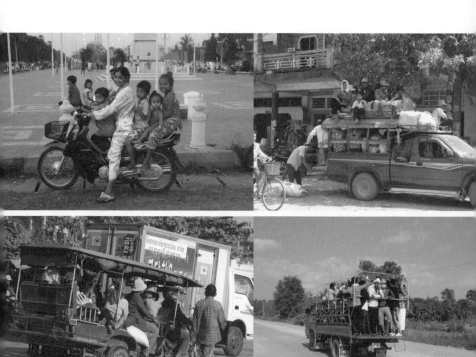

각종 탈거리마다 사람과 짐이 차고 넘치는 메콩강 유역 나라들의 풍경

마주친 캐나다인 잭을 한국음식점에서 만나 함께 저녁을 먹었다. 캄보디아 변방에는 이처럼 세상 곳곳의 사람들이 계속 모여들고 있다. 국적도, 언어도, 종교도, 살아온 배경도 각기 다른 사람들이 같은 나라 사람들보다 더 잘 공감하며 오랫동안 만나온 친구들처럼 이야기하는 것을 보면, 우리를 한 곳으로 모아주는 이 거대한 힘이 무엇인지 궁금해진다.

이곳을
잊지 말아주세요

   캄보디아에 도착한 첫날. 숙소를 잡자마자 식당으로 직행하여 메뉴를 물어보았다. 예쁘고 날씬한 소녀가 유쾌하게 웃으며 재치 있는 영어로 답을 하는데, 캄보디아와 그녀의 삶에 대한 이야기를 더 들을 수 있을 것 같아 그 식당에서 밥을 먹었다.

   이 소녀는 딸 다섯, 아들 둘, 7남매의 장녀인데 부모님을 도와 이 식당에서 일하느라 4년 전에 고등학교를 중퇴했다. 바쁘게 일하다 보니 영어를 많이 잊어버려서 외국인이 보일 때마다 연습한다며, "언니, 제 영어가 이상하면 꼭 고쳐주세요!" 하고 부탁하기까지 했다.

   시하누크빌을 향해 하루 종일 공사를 하고 있는 비포장길을 달

시하누크빌의 해변은 세계 각국에서 온 여행자들로 북적거린다 오랜 내전으로 경제는 피
폐해졌지만 때묻지 않은 자연과 순박한 사람들을 만날 수 있기 때문이리라

리던 날, 만났던 아이들도 기억난다. 앞이 보이지 않을 정도로 뿌연 흙먼지 속을 뚫고, 굉음을 내며 왔다 갔다 하는 트럭들을 피해 달리자니 끝까지 갈 일이 암담했다. 황토 먼지를 뒤집어쓴 나를 웃게 해준 것은 점심을 사먹은 식당의 귀여운 자매들이었다. 동생이 밥을 내주며 똘똘한 영어로 말하기를, 주중에는 학교에 가고 일요일에는 이렇게 나와서 장사를 한다고 했다. 이 아이도 17세였는데 부모님에게 큰 도움이 되는 것 같았다.

그때 갑자기 구석에서 "안녕하세요"라는 한국말이 들려왔다. 알고 보니 이 아이의 언니였다. 방년 19세인 이 처녀는 한국에서 일하고 싶어 3개월째 한국어를 공부하는 중이었다. "이름이 무엇입니까?", "몇 살입니까?" 등을 물어보며 발음 연습을 시켜주니 아주 좋아했다. 예쁜 동생은 들뜬 목소리로 쉬지 않고 재잘대더니, 갑자기 초롱초롱한 눈망울로 나를 올려보며 대뜸 말했다.

"이곳을 절대로 잊지 말아주세요!"

아니, 여기서 내가 먹은 것은 밥과 팥빙수, 합쳐서 1달러밖에 안되고, 함께 나눈 것도 없는데 왜 잊으면 안 된다는 것일까? 하지만 이 말 때문에 나는 정말로 이 아이와 그 장소, 그때 먹은 팥빙수를 잊지 못하게 되었다.

비슷한 일을 몇 번 더 겪다 보니 캄보디아 사람들은 마음을 잘 열고 사람을 순진하게 믿는다는 느낌을 받게 되었다. 깜뽓Kampot에서는 이런 일도 있었다. 환전한 돈이 떨어져서 아침부터 은행으로 가던 길에 덮밥을 파는 포장마차를 발견하고 나도 모르게 일단 밥을 시킨 후 아차, 정신을 차리고 지갑을 열어보니 달러밖에 없었다. 가슴이 조마조마했지만 일단은 천천히 밥부터 먹으며 생각했다.

아주머니가 영어는 거의 못 하는데 이 상황을 어떻게 설명하지? 그냥 가게 놔둘 리는 없으니 보증금으로 카메라나 자전거를 맡기고 은행에 다녀와야 하나? 그러다가 이 아주머니가 한 턱 잡았다고 사라지면 어떡하지? 혼자 별별 고민을 하다가 결국 지갑을 열어 리엘화가 없다는 것을 보여드렸다. 은행을 가리키며 저기 갔다가 돌아온다고 손짓 발짓으로 열심히 설명했지만, 아주머니는 허무할 정도로 쉽게 "응!" 하며 고개를 끄덕일 뿐이었다. 혹시라도 의심할까 봐 꼭 돌아온다고 몇 번이나 강조했지만, 웃기만 할 뿐 별다른 관심을 보이지 않았다. 내가 후다닥 은행에 다녀와서 밥값을 내자, 아주머니는 환하게 웃으면서 고맙다고 했다. 아니, 대체 뜨내기 여행자인 나를 어떻게 믿고 기다려준 걸까?

현지인 소녀에게 음식을 얻어먹은 적도 있다. 시골길을 달리다가 사탕수수 짜는 기계 앞에서 10대 소녀 4명이 모여 노닥거리고 있는 것을 보았다. 요란스레 "헬로!"를 외치는 아이들이 너무 귀여워 핸들을 확 돌려 그들을 향해 돌진했다. 그러자 아이들이 갑자기 사색이 되어 외치기 시작했는데, 대충 이런 내용인 것 같았다.

"내가 뭐랬어. 저 사람 제정신이 아닐 거라고 그랬지!"

나는 일단 이 친구들의 마음을 안정시키기 위해 인사를 하고는 아는 단어를 총동원하여 우스꽝스럽게 이야기했다. 아이들은 점차 충격에서 벗어나는 것 같았다.

주인 아주머니의 딸이 팔뚝보다 긴 파파야를 붙들고 껍질을 벗겨내기 시작했다. 옷도 얼굴도 몸매도 예쁜 아이는 얇게 채썰기한 파파야로 쏨땀, 즉 태국식 파파야 샐러드를 금세 만들어냈다. 나에게도 좀 주려나 궁금해하는 찰나, 그릇은 소녀들 앞으로 서빙되었다. 내가 너무 좋아하는 요리였지만, 꾹 참고 눈길을 주지 않으려고 노력했다. 그 순간, 한 아이가 나에게 젓가락을 주며 먹으라고 권했다. 넷 중 혼자만 알록달록한 고급 잠옷을 입은 데다가 피부도 고왔다. 한 젓가락만 먹고 접시를 돌려주니까, 더 먹으라며 넉살 좋게 웃었다. 너무 매워 혀를 내밀고 부채질을 하니 다들 좋아했다.

잠옷 소녀는 쏨땀을 하나 더 시켜서 먹더니, 내 음료수와 쏨땀값까지 모두 계산하고 오토바이에 올라탔다. 부릉부릉 떠나는 뒷모습을 보니 학교는 안 가고 놀러다니는 부잣집 소녀 같았다. 용돈으로 하고 싶은 것도 많고 사고 싶은 것도 많을 텐데, 다시는 볼 일 없는 외국인에게 먹을 것을 사주다니, 도대체 무슨 마음에서 그랬을까.

청년에게 음료수를 얻어먹은 적도 있다. 스바이리엥Svay Rieng에서 교사로 일하는 호주인, 미국인과 과일 셰이크를 먹으며 이야기를 하던 참이었다. 옆에서 잠시 대화를 나누었던 현지인 남학생이 집에 간다고 일어서더니, 갑자기 우리 외국인 3명이 마신 음료수 값까지 모두 계산하고 자리를 떠났다. 그는 미국인에게 수업을 받고 있으며 곧 영어 교사가 될 학생이었다. 학교 중견 교사의 1개월 월급이 50달러밖에 안 되는 나라에서 아직 교사도 안된 학생이 거금 2달러를 돈 많은 외국인들을 위해 써버리면 어떡하자는 건가. 그가 공손히 합장을 하고 떠나자 호주인이 말했다. 여기 학생들은 선생님 것을 꼭 내주려고 한다고, 그럴 때에는 거절해도 받아들여지지 않으니, 그냥 고맙게 받는 수밖에 없다고.

프레이벵Prey Beng에서는 고등학교 교장이라는 어르신께 맥주를 얻어마시기도 했다. 곳간에서 인심 나는 법이라지만, 캄보디아 사람들은 넉넉지 못한 살림에도 후한 인심을 쓰고, 손님 접대를 열심히 하는 것 같아 가슴 한쪽이 먹먹했다. 내 사주팔자에는 식복과 인복이 가득하다더니 정말인 것 같다. 캄보디아에 온 첫날부터 결혼식에 초대받더니, 하루가 멀다 하고 뭔가를 얻어먹다가 마지막 날에는 맥주까지 얻어마셨다. 이곳에 온 것이, 자전거 여행을 하는 것이, 아니, 내 인생 자체가 복으로 가득한 것 같다.

그래도
희망이 있는 이유

캄보디아에서는 외국 원조가 차지하는 비중이 절대적이다. 그러나 캄보디아 사람들은 이상할 정도로 여유가 있고, 나는 이상하게도 국제교류사업과 관련된 사람들을 끊임없이 마주쳤다.

스바이리엥에서 저녁을 먹은 후 포장마차에서 과일 셰이크를 사 먹고 있을 때였다. 옆에 앉아 있는 현지인 처녀에게 "뭐 드시는지 좀 봐도 될까요?" 하며 손으로 가리키니, "쌀죽을 먹고 있어요"라는 유창한 영어 대답이 돌아왔다. 영어는 기대하지 않았는데, 현지인과 이야기를 나눌 좋은 기회다 싶었다.

그녀는 사범학교에서 생물을 가르치는 교사였다. 열심히 공부한 동기를 물었더니, 캄보디아에서는 보기 드문 무남독녀 외동딸이라

이 소녀가 어른이 될 때 즈음, 캄보디아는 어떻게 변해 있을까

서, 어릴 때부터 혼자 생존해야 한다는 압박감에 열심히 공부했다
는 것이다. 그녀는 수도 프놈펜에 있는 왕립대학교에 다녔다.

  캄보디아에서는 대학교의 학비가 저렴하지만 대학원은 너무 비
싸서 공부를 더 할 수 없었다. 그녀는 자이카(일본국제협력단)에 캄
보디아 지역 교육을 개선시키는 방법을 제안했고 그 덕에 일본에
연수를 다녀왔다. 캄보디아 젊은이의 눈에 비친 일본이 궁금해서
물어보았다.

  "일본에 가보니 어땠어요?"

  "캄보디아에서는 사람들이 모이면 시끄럽게 수다를 떠는데, 일
본에서는 조용히 각자의 신문과 책을 읽더라구요. 교통신호와 이
런저런 규칙들을 자연스럽게 지키는 것도 멋졌어요!"

  전에 서울에서 만난 인도 친구는 한국에서 가장 인상 깊었던 것
으로 "한국은 지하철에서 구걸하는 거지도 녹음기를 갖고 다니며
테이프를 틀어주는 디지털 강국이라는 점에 감명을 받았다"고 하
더니, 사람들은 자신의 문화와 다른 것을 기가 막히게 찾아내는
눈이 있는 것 같다.

  사명감으로 불타는 27세의 이 젊은 선생님을 보자 심훈의 《상록
수》에 나오는 채영신이 떠올랐다. 어떻게 하면 캄보디아에 좋은 교
육 시스템을 도입할 것인지 고민하며 일본의 사례들을 배운 그녀
는 자이카의 장학금을 받아 박사 과정에도 진학하고 싶지만, 문제

는 토플 성적이라고 했다. 지방에 있는 영어 학교는 엉망인 데다가 제대로 된 교재를 구하기도 힘들고 너무 비싸서 영어를 공부할 여건이 안 된다는 것이다.

그녀는 자이카에 제출해야 하는 보고서와 각종 행사가 많아 하루에 6시간밖에 못 잔다고 했다. 보통 학교 교사의 월급은 1개월에 50달러이지만, 그녀는 고등 교사이기 때문에 100달러를 받는다. 그중 살고 있는 원룸 임대비로 매달 15달러가 나간다. 공과금을 내고 가끔 집에도 용돈을 보내고 나면 저금은 거의 못 한다. 외식은 엄두도 못 내고 주로 요리를 해서 먹는데, 오늘은 설날이라 시장에 먹을 것이 없어 1달러나 하는 닭죽을 먹으러 나왔다가 호기심 많은 한국인 여행자를 만난 것이다.

조심스럽게 물어보았더니 아버지는 돌아가셨단다. 캄보디아에는 어느 집이나 크메르 루즈 정권 때 죽은 사람이 몇 명 있는데, 자기네 집도 마찬가지라고 했다. 그런 질문을 한 것이 미안했지만 그녀는 계속 온화한 미소를 띤 채였다. 그녀의 가장 큰 소원은 평생 자신을 계발하고, 학생들에게 스스로 비판적으로 생각하는 방법을 가르쳐서 캄보디아를 잘사는 나라로 만드는 거라고 했다.

이렇게 눈망울이 초롱초롱한 선생님이 있으니 캄보디아의 미래는 밝을 것 같다. 내년에 여기 고등학교 영어 교사와 결혼할 예정이라고 하기에, 결혼하고 아무리 힘들어도 평생 공부하라고 거듭

당부했다.

그녀와의 대화가 끝나갈 무렵, 금발의 서양인 2명이 나타났다. 낮에 생활자전거를 타고 지나가는 백인 여자 2명을 보고 관광객이 올 곳이 아닌데 여기서 대체 뭘 하는 걸까 궁금해했는데, 이곳에서 만난 것이다. 1명은 미국의 평화유지군Peace Corps으로 온 영어교사이고, 다른 1명은 호주 정부가 보낸 봉사단원으로 지역개발 프로젝트를 담당하고 있다.

호주인은 고아원에서 프로젝트 매니저로 일하고 있는데, 시드니 대학에서 학부 때는 인류학, 석사 때는 개발학을 공부했다. UN에 갈 수도 있었지만 지역사회 개발에 참여할 수 있을 것 같아 봉사단으로 이곳에 왔다. 아프리카와 아시아 중 아시아, 그중에서도 캄보디아로 지원해서 1년 전에 왔는데, 이곳 사람들은 기본적인 엑셀 작업도 못 하고, 계획도 세우지 않고 모든 일을 주먹구구식으로 해서 외국인이지만 자신이 주도적인 역할을 맡게 되었다는 것이다. 미국인은 영어 교사로 일하는데, 이제 6개월이 지났고, 1년 반이 더 남았다. 둘 다 아름다운 호수가 있는 깨끗한 도시에 머무르는 것이 만족스럽다고 했다. 내가 캄보디아에서 화려한 기념비들과 정부 건물들이 너무 많아 놀랐다고 했더니, 이들은 입을 모아 "그게 바로 부패의 상징이란 거예요!" 하고 말했다.

그 다음날, 프레이벵으로 가던 길에서는 다른 미국인 평화유지

군을 만나기도 했다. 옆 가게에 혼자 우두커니 앉아 있는 서양 남자를 보고 이런 시골에서 대체 무얼 하고 있는지 궁금해서 말을 걸었더니, 오랜만에 영어로 이야기를 나누게 되었다고 좋아하며 어서 옆에 앉으라고 했다.

마이클은 콜로라도대에서 비즈니스를 공부했는데, 취직하기 전에 다른 문화를 경험해보고 싶어 평화유지군에 지원했다. 그 전에 여행해본 곳은 캐나다, 멕시코가 전부인 시골 청년이다. 그는 6~12학년이 있는 이곳 중고등학교에서 영어를 가르친다. 이 지역에는 초등학교는 아주 많지만 중고등학교는 2곳뿐이다. 상급학교에 진학할 수 있는 여유가 있는 학생들은 50퍼센트가 되지 않는다. 이들 중 10퍼센트는 프놈펜의 대학이나 외국 대학에 가고 싶은 꿈을 지니고 있지만, 나머지는 아무 생각 없이 그냥 학교만 왔다 갔다 한다. 가난한 아이들일수록 도시 외곽에서 오는데, 10킬로미터 떨어진 곳에서 자전거로 통학하는 아이들도 있다. 도시에서 장사를 하거나 부잣집 아이들은 오토바이를 타고 다닌다니, 학생들 사이에도 계층화 현상이 뚜렷한 모양이다.

마이클은 교사 생활 중 정시에 수업을 시작해본 적이 단 하루도 없다. 다들 조금씩 지각을 하기 때문에 보통 30분은 지나야 수업을 시작할 수 있다. 마침 그날은 학교에 가보니 아무도 없더라고 했다. 그 전날까지 아무런 통지를 받지 않아 설날(구정)에도 수업을 하는 줄 알았는데, 어찌된 건지 아직 모르겠다고 했다.

학교는 7시에 시작하지만, 7시 전에 학교에 도착하는 사람은 언제나 마이클뿐이다. 다른 교사들은 학생들보다 늦게 나타날 때도 많다. 그들의 변명은 월급이 너무 적어서 적게 일한다는 것이다. 캄보디아의 일반 교사 월급은 보통 50달러, 고등 교사는 100달러이다. 놀이 말해준 바에 의하면 캄보디아 농부의 평균 월수입은 35달러, 프놈펜의 식당 종업원은 80달러, 대졸 샐러리맨은 150달러이니까 교사가 먹고 살기 힘든 건 당연하다. 교사 대부분이 과외, 택시 기사, 장사 등 두세 가지 일을 동시에 하고 있으니 학교 수업이 제대로 될 리 없다.

캄보디아의 모든 학교에는 훈센 총리 이름으로 기증한 건물이 몇 채씩 있다. 당연히 정부에서 하는 사업을 굳이 훈센 개인의 이름으로, 그것도 사인까지 해서 세우는 것이 바로 부패의 상징이 아닐까. 마이클은 훈센의 이름이 새겨진 학교 건물을 보고 가라고 붙잡았지만, 해가 지기 전에 떠나기 위해 얼른 자전거 위에 올랐다.

프레이벵을 10킬로미터 앞둔 지점의 포장마차에서 샌드위치를 주문하다가 이번에는 젊은 청년 실업가와 이야기를 나누게 되었다. 내가 주문하는 것을 듣더니, "캄보디아에서는 채소를 먹는 게 거의 불가능해요" 하고 유창한 영어로 말을 걸어온 것이 계기였다. 그는 프놈펜의 대학에서 경영학을 전공했고, 다른 대학에서 영어도 배웠다. 그후 캄보디아 최고의 대기업에서 투자를 받고 자기 돈을 보태서 이 도시에 주유소를 몇 곳 차렸다.

그는 캄보디아에서 어디에 투자해야 돈을 많이 벌 수 있는지 자세히 관찰하고 다닌 끝에 이 지역을 선택했다. 베트남 국경과 가까운 이곳에 물동량이 늘어나면서 시장도 커지고 있다는 이유에서였다. 그는 여기 사활을 걸 생각으로 아예 집까지 옮겼다. 그때가 4시 반이었는데, 바쁘게 일하느라 이제야 점심을 먹고 있다고 자랑스레 말했다.

캄보디아에는 왜 이렇게 영어 잘 하는 사람, 프놈펜에서 공부한 사람이 많은 걸까? 이상하게도 내가 자꾸 그런 사람들만 만나는 거라면 그 이유가 뭘까? 그날 밤 머문 숙소의 주인 할머니 딸도 영어를 잘해서 물어보니, 역시 프놈펜에서 대학을 졸업했다고 했다. 그 후 가톨릭 NGO에서 3년간 일하다가 결혼을 하면서 그만둔 지 3년이 되었는데 이제 다시 일하고 싶다고 했다. 캄보디아의 여성의 삶에 대해 알 수 있는 좋은 기회이고, 이곳의 NGO 활동에 대한 의견도 듣고 싶었지만, 그녀가 바빠서 기회가 없었다.

야식을 파는 간이식당에서, 치약을 파는 조그만 상점에서, 길거리를 지나면서 사람들을 관찰해본 결과, 내가 본 캄보디아 사람들은 조용하고 친절하고 부드러웠다. 베트남에서는 소리 높여 싸우는 모습을 자주 볼 수 있었던 것과는 대조적이었다. 이곳 사람들은 어떤 생각을 하며 어떤 동력을 갖고 살아가는 것일까? 아직도 사회 곳곳에, 사람들의 마음 깊숙한 곳에 내전과 대량 학살로 인한 폭력의 상처가 많이 남아 있을 텐데, 어떤 희망을 품고 살고 있을까?

놀의 말대로 이들이 변화의 소용돌이 속에서 더 아파하지 않으려면 경제뿐만 아니라 이 사람들의 진실한 삶에 기반한 정책이 필요할 것이다. 총리 개인의 이름으로 학교 건물을 짓는 정부가 무엇을 할 수 있을 것인가. 마이클은 캄보디아의 의미 있는 변화로 이제 막 NGO가 생기기 시작한다는 점을 꼽았는데, 이것이 새로운 원동력이 되었으면 좋겠다. 캄보디아에는 사람 냄새가 가득했다. 공부하다가 이론의 늪에 빠져 현실과 멀어질 때마다 이 사람들의 눈빛과 삶의 이야기들을 기억해야겠다.

8부

베트남 떠이닌Tay Ninh 호치민Ho Chi Minh

떠이닌
호치민

떠도는
이방인

　캄보디아를 떠나 다시 베트남으로 향했다. 베트남은 비자 기간이 15일밖에 안 되기 때문에 국경을 넘어갔다 다시 들어가야만 한다. 새 비자를 받아야 메콩 삼각주 지역을 돌아보고, 베트남 토속 종교인 까오다이교 교황청에 가볼 시간을 확보할 수 있다.

　국경을 넘자마자 황량한 황토빛 캄보디아의 밭들은 사라지고, 비옥한 초록빛 논들이 펼쳐졌다. 해먹에 누워 시간을 보낼 수 있는 커피숍도 도로변에 줄을 이어 서 있었다. 오토바이 운전자들이 틈틈이 허리를 펴고 쉬어가려면 해먹이 꼭 필요하단다. 나도 한 번 쯤은 해먹 위에 누운 채 달콤한 커피를 마시며 여유를 부리고 싶었는데, 마침 사람들이 해먹에 누워 신나게 웃고 있는 커피숍이 보여 얼른 자전거를 멈췄다.

흰색 아오자이를 입은 키 큰 처녀가 반색을 하더니, 내게 영어로 쉬지 않고 말을 건넸다. 그녀는 호치민의 어느 학교 총무과에서 일하는 직원인데, 설날을 맞아 2주간 부모님을 방문하러 왔다고 했다. 그녀의 후덕한 어머니는 내 얼굴을 촘촘히 뜯어보더니 사랑스럽다며 감탄을 거듭했다. 도대체 뭐가 사랑스럽다는 걸까? 한국 어르신들은 나를 보고 재운이 철철 넘치는 맏며느리 관상이라고들 하는데, 베트남 어르신들은 어떤 식으로 관상을 보는 걸까? 그 이유는 코가 높아서였다. 그때부터 주위 사람들의 코를 유심히 보니 다들 소위 말하는 '들창코'다. 더운 지역에 맞게 진화를 거듭한 신체적 특징이리라.

처녀의 어머니는 한국에 놀러가면 나를 만나고 싶으니 주소를 알려달라고 했다. 게다가 "부끄러워서 말 못 해" 하고 여러 번 뜸을 들이면서도 결국 "저 자전거, 한국 갈 때 내게 주고 가면 어때? 시장 볼 때 유용하게 쓸 수 있을 것 같은데"라고 할 말을 다 하는 수완이 보통을 넘었다. 키 큰 처녀는 다음에 호치민에 오면 자기 집에 들른다고 약속하라며 계속 다그쳤다. 내가 여기 언제 올지 모르니 약속할 수 없다고 해도 몽롱한 눈빛으로 같은 말을 반복했다. 캄보디아에서는 잊고 지냈던 '집요함'이라는 단어가 떠올랐다. 베트남으로 돌아온 것이 실감났다.

전쟁 이후 베트남을 탈출한 사람들은 고향 땅에서도 타지에서도, 이방인으로 사는 경우가 대부분이다. 40대 후반 베트남계 미국인 새신랑도 고향에 돌아와서 베트남인으로서의 정체성에 혼란을 겪고 있지만, 베트남의 친지들은 그를 부러운 눈으로 바라볼 뿐이다

어쨌건 나에게 관심을 가져주니 고마울 뿐이라고 생각했다. 그들의 집요한 요구는 잘 이해하지 못한 듯 얼버무린 채, 현지인들과 함께 누워 느긋하게 음료수도 마시고, 우유와 두리안을 갈아넣은 사탕수수도 마시며 쉬다 보니 기분이 좋아졌다. 가족 사진도 찍어주고, 집 구경도 하며 놀고 있는데, 옆집 아저씨가 나타났다. 미국에서 살다가 설날을 맞아 처갓집을 방문한 재미 베트남 교포였다. 용산과 인천에서도 미군으로 4년간 근무한 경험이 있단다.

그는 베트남 역사의 산 증인이다. 1975년, 그가 13세 때 세상이 바뀌었다. 높은 계급의 군인이었던 그의 아버지는 곧 베트남이 공산화된다는 정보를 입수하고 미국으로 빠져나갈 방법을 모색했다. 일찌감치 비행기 타는 리스트에 이름을 올려두었지만, 힘있는 사람들이 더 많은 뇌물을 주고 먼저 빠져나가다 보니 이들 가족은 예정했던 비행기 앞까지 갔건만 자리를 받지 못했다. 그는 아버지가 불같이 화를 내며 다른 비행기를 서둘러 예약하던 모습을 아직도 선명히 기억한다.

7시 반 출발 예정이던 비행기는 9시 반에야 떠났다. 마지막 순간에 고장이 발견되어 2시간 동안 수리하는 것을 지켜보며 그가 느꼈던 조바심은 이루 말할 수 없었다. 사방에서 폭격 소리가 들리기 시작했다. 그는 형과 함께 비행기 창밖으로 베트남 땅을 내려다보던 기분을 평생 잊을 수 없다고 했다. 도착해서 알고 보니 그가 탄 비행기는 베트남을 탈출하는 마지막 비행기였다.

미국에 도착한 후 그의 가족은 생존을 위해 발버둥쳤다. 고위 장성이었던 아버지는 기계수리공부터 시작하여 밑바닥 일을 전전하며 자식들 교육에 모든 것을 바쳤다. 그러나 정작 이 아저씨는 주류 사회에 끼지 못하고 어중간한 위치가 되고 만 것 같다. 어릴 때 이민 갔음에도 영어가 어눌하고, 지금은 경비 일을 하고 있지만 언젠가는 공부를 하고 싶어했고, 40대 후반이 되도록 결혼을 못하다가 47세이던 작년에 베트남에 있는 아가씨와 결혼했다는 것으로 짐작이 가능하다.

인터넷 채팅으로 사촌의 아내 동생을 소개받아 온라인상으로만 사귀다가 결혼까지 하게 되었다니, 그의 결혼 역시 베트남 역사의 일면을 잘 보여준다. 물론 성격, 집안 배경 등 다른 요소들도 작용했겠지만, 이 결혼의 가장 큰 동력은 미국에서 살되 결혼은 고향 출신의 사람과 하고 싶은 중년 세대의 바람과, 베트남을 벗어나 풍족하고 멋있게 살 수만 있다면 나이 많고 외모도 별로인 남자라도 상관없다는 젊은 세대의 꿈이 결합한 것으로 보였다. 그의 이번 처가 방문은 아내의 영주권 신청 서류를 준비하는 것이지만, 아내의 친정 방문 목적은 친구들 앞에서 미국 생활과 미국 물건들을 자랑하는 것인 듯했다. 그의 아내가 해먹 위에서 자랑스러운 표정으로 미국 이야기와 함께 물건들을 보여주면 동년배의 친구들은 탄성을

음악과 맥주, 테크노뮤직과 네온사인. 젖과 꿀이 흐르는 호치민의 팜응우라오 풍경이다. 북부 베트남에게 함락되어 공산화되긴 했지만, 자유롭고 상업을 중시하던 남쪽 특유의 기질은 사라지지 않았다. 지금은 자본주의 시대에 발맞춰 여행자들의 거리로 명성을 얻고 있다

자아내며 부러운 표정을 지었다.

그는 법적으로는 미국 시민이지만, 아직도 베트남인이라는 정체성이 미국인이라는 정체성보다 더 강했다. 미국에서는 베트남인으로 취급받고, 베트남에서는 유창한 베트남어를 하면서도 미국인으로 취급받는 아이러니한 현실. 고국에 돌아왔음에도 사람들은 그를 외국인 취급하고 바가지를 씌운다. 툭툭 부딪히고 다니는 복잡한 베트남 거리에서 조금만 부딪혀도 "익스큐즈 미"를 연발하고, 항상 미소를 띠고 미국식 행동을 하기 때문에 금방 표가 난다는 것이다. 자신의 동네에서 자꾸 바가지를 쓰는 남편을 보다 못한 젊은 아내는 아예 남편에게 지갑을 꺼내지도 못하게 하고 자신이 모든 것을 계산한다고 했다.

내가 마신 것을 계산하고 나오려는데 아저씨는 내 것도 계산했다며 환하게 웃었다. 8,000동, 즉 500원도 안 되는 작은 돈이지만 고마웠다. 한국에 있을 때 한국인들이 많은 것을 베풀어주어서 갚는 것이라는 말에 나도 작은 약속을 했다.

"저도 외로운 베트남인을 만나면 맛있는 걸 사주겠어요!"

모든 게
내 안에 있다

1시간을 더 달려 마침내 까오다이 교황청에 도착했다. 까오다이
교는 1920년대 베트남인 선지자가 하늘의 예언을 받고 동서양의
모든 철학을 결합하여 창시했다는 종교이다. 베트남에 불교, 유교,
도교, 힌두교, 기독교, 이슬람교, 토속적인 베트남의 정령 숭배까
지 모든 교리가 섞인 신흥종교가 있다는 것을 책에서 읽고 호기심
을 느낀 나는 꼭 이곳을 방문하고 싶었다.

까오다이교는 서양의 사상까지 적극적으로 수용했는데, 프랑스
의 문필가 빅토르 위고를 3대 성인 중 한 명으로 모시고 있다. '인
류애'를 주창한 빅토르 위고의 사상이 위대하다는 것은 알겠지만,
성인의 반열에까지 오를 만한 것인지, 교리에 어떻게 부합하는 것

인지는 설명을 읽어도 이해할 수 없었다. 베트남과 프랑스의 정치 경제적 관계를 더 깊이 알면 이해할 수 있을까.

메콩강 유역의 문화를 연구한 책에 의하면 까오다이교는 베트남 남부의 문화적 특성에 기반하여 당시의 식민지적 현실을 타파하기 위해 만들어진 종교이다. 베트남 북부는 홍수와 같은 자연재해, 산적과 같은 외부 침입자들의 급습을 촌락 단위로 막기 위해 확대 가족, 종족제도를 중심으로 한 폐쇄적 공동체가 형성되었지만, 베트남 남부인 메콩 삼각주 지역은 홍수도 없고 비옥한 지역이어서 핵가족 중심의 개방적이고 느슨한 사회가 형성되었다. 20세기 초 식민지 기간 중 남부 지역에서 일어난 신흥종교들은 이러한 문화적 배경에 정치적 저항의 색채가 결합된 것이다. 식민지 사회에서 유교가 정치 또는 민족주의 이념의 기반으로서 더 이상 기능하지 못하자, 자연스럽게 종교 단체들이 정치에 관여하게 되었다.

1939년에 일어난 호아하오교는 150만 이상의 신도를 갖고 자체 군대, 정부형 행정조직, 교육제도까지 마련할 정도로 성장했다. 이 단체는 농민들의 생존을 위한 권리를 보호해주었는데, 프랑스 식민지 정부보다 지역 사회의 편을 들어주었다. 까오다이교도 1926년 군대와 정치적인 성격을 띠면서 창시되었는데, 200만 명의 신도를 확보했다.

두 종교 모두 기본적으로는 공산주의자들과 같이 유교의 가치를 대신하고 식민지주의에 도전하는 철학을 내세웠다. 그러나 공산주의자들과는 달리 사회질서의 변화보다는 영적인 개혁을 더 강조했다. 또한 조직 내부에서 교육을 통해 전통사회에서는 불가능했던 사회적 지위의 상승을 가능하게 했다. 사회가 산산이 조각났던 당시, 이러한 신흥종교들은 농민들에게 특별한 호소력을 가졌다. 신도들은 하나의 촌락범위를 넘어서서 메콩 삼각주 각 촌락들에 거주하는 신도들과 교류함으로써 교세를 확장했고, 덕분에 이 종교들은 아직까지도 거대한 규모로 남아 있다.

시대와 문화가 다른 곳에서 온 내가 이 종교를 이해하는 데에는 한계가 있겠지만, 자전거 여행의 마지막을 베트남 토속 종교의 본산에서 감사 예배로 마무리하고 싶었다. 나는 나름대로 목욕재계를 하고 저녁 예배에 참석했다.

안데르센 동화에 나오는, 알록달록한 캔디와 초콜릿 마을 같은 교황청 단지 안으로 들어가니 곳곳에 그려진 대형 눈알들이 나를 바라보았다. 심리학자들의 실험에 따르면 사람들은 꽃이나 다른 사물이 그려진 모금함보다는 눈알이 그려진 모금함에 훨씬 더 많은 금액을 기부하고, 눈알 비슷한 것이 그려진 곳에서 보다 조심해서 행동한다고 한다. 다른 사람이 지켜본다는 느낌이 인간의 모든 행동에 큰 영향을 미치는 것이다. 까오다이교 신도들은 일반인들보다 훨씬 절제되고 이타적인 생활을 할 것임에 틀림없다.

베트남에서 일어난 신흥종교 까오다이교의 본산.
중국의 국부 쑨원과 프랑스의 문호 빅토르 위고,
베트남의 시인 응우엔 빈 끼엠을 3대 성인으로 모신다

흰 옷을 입은 남녀 수백 명이 좌우로 나누어 앉아 경건하게 염불을 했다. 흰 신자복을 입지 않은 나는 뒤에 앉아 염불 소리를 들으며 내 첫 여행부터 이번 여행까지 회상하는 시간을 가졌다.

어린 시절, 우리 집은 계속 이사를 다녔다. 중고등학교 시절에는 학교와 집만 오가다 보니 추억이라고 할 만한 것을 만들지 못했고, 공부했던 대학 또한 지역사회에서 고립된 곳이라 4년을 살면서도 어떠한 끈도 맺지 못한 채 떠나고 말았다. 서울에 온 뒤로도 거의 1년에 1번씩 이사를 다니거나 외국을 자주 들락거리다 보니 '내 장소'라고 할 만한 소속감은 생기지 않았다. 사람들이 고향이 어디냐고 물을 때마다 나는 난처한 기분이 들곤 했다.

내가 처음으로 '고향의 느낌'을 가진 건 대학 2학년 때 휴학계를 내고 여행했던 인도의 샨티니케탄에서였다. 〈동방의 등불〉을 쓴 시인 타고르가 세운 대학 도시로, '평화의 마을'이란 이름에 걸맞게 춤, 미술 등을 배우는 외국인들이 100명 정도 살고 있는 곳이었다. 이들은 각자 집을 빌려 살면서도 느슨한 공동체 같은 생활을 했다. 수업이 끝나면 삼삼오오 찻집에 모여 차를 마시고, 함께 요리한 식사를 하고, 자전거를 타고 소풍을 갔다. 보름달이 뜬 밤에는 2층집 테라스에 모여 앉아 1명은 시타르, 1명은 피리, 1명은 따블라(인도의 전통 북)를 연주했고, 별 재주 없는 사람들은 냄비나

병 같은 것을 두드리며 박자를 맞추었다. 조명이 없어도 달빛만으로 환하고, 그곳에 존재한다는 것만으로도 충만한 그런 밤들이었다.

나 역시 따블라를 배우는 한편, '바울'이라고 하는 유랑악사의 축제를 쫓아다녔다. 허허벌판에 자리를 깔고 앉아 밤새 졸며 음악을 듣다 보면 내가 음악인지 음악이 나인지 알 수 없는 순간들이 찾아왔다. 그 순간을 함께하는 사람들과 끈끈한 유대감이 생기는 것은 당연했다.

그때 알게 된 일본인이 있었다. 머리를 빡빡 깎고 피부도 목소리도 너무 맑아 20대 중반이라고 생각했는데, 알고 보니 40대 중반이었다. 캘커타에서 음악 축제가 끝나던 날 밤, 나는 문득 인도에 인생의 의미를 찾으러 왔다는 말을 했다. 그분은 빙그레 웃더니 "모든 게 네 안에 있는데"라고 말하며 나를 꼭 안아주었다.

며칠 동안 그 말의 의미를 생각했다. 혹시 전직 비구니 스님이었을까? 어떤 높은 도에 도달한 건 아닐까? 나는 어느 날 저녁 그녀를 찾아가, 내 머리도 밀어달라고 부탁했다. 머리를 밀면서 그분의 인생사를 청해 들었지만 특별한 것은 없었다. 그분은 자꾸 뭔가를 찾으려고 하는 나를 또 다시 꼭 안아주더니, "모든 게 네 안에 있다는 걸 알게 될 거야"라고만 했다. 그 품에서 시간이 얼마나 지났는지 모르겠다. 아무 조건 없이 포근하게 받아들여지는 기분은 난생처음 느껴본 감정이었다.

샨티니케탄에서는 사회적 지위나 조건에 상관없이 가슴을 터놓을 수 있는 '열린 관계'를 맺는 것이 아주 쉬웠다. 사람들과 더불어 아름다운 자연과 예술을 즐기다 보니 2개월이 훌쩍 지나갔다. 그곳을 떠난 뒤 나는 그것이 '고향'에 대해 느끼는 감정이라는 것을 깨달았다.

그후 세상의 많은 곳을 돌면서 비슷한 감정을 몇 번 더 느꼈다. 멕시코의 과나후아또에서는 하숙집 아주머니였던 마르타, 스페인어 선생님이었던 첼리, 미국인 소설가 지망생 나탄 같은 사람들 및 마을 광장, 카페, 타코 파는 집, 중세 시대의 로맨틱한 골목길과 깊은 유대관계를 맺으며 1개월을 보냈다. 마르타 아주머니는 그 사회의 구조적 폭력에 신음하는 대표적인 보통 사람이었다. 중남미에는 바람난 아버지 때문에 홀어머니 손에서 자란 아이들이 많다. 여자아이들은 엄마가 그랬던 것처럼 10대 초반부터 연애를 시작해 일찍 임신하고 결혼을 하지만, 결국 남편은 떠나고 혼자 아이를 기르며 사회 빈곤층으로 전락하는 악순환을 반복한다. 마르타 아주머니의 인생 또한 이 순서를 밟아왔다. 이 모든 이야기를 눈물로 터놓은 후, "신은 광대해. 그분의 뜻은 잘 모르지만, 나는 이 삶을 살아내야 해" 하고 환한 미소로 마무리 짓던 그녀의 눈빛이 지금도 선하다. 스페인어 선생님이었던 첼리 또한 비정상적인 가정에서 좌절의 연속인 인생을 살아왔지만, 아마존 여전사 같은 당당한 매력을 가졌다. 내가 그곳을 떠날 때 이들은 자신들의 실수를 들려주며 "너는 어디에도 얽매이지 말고 자유로운 영혼으로 살아달라"고 당부했다. 나는 마치 고향 친지들의 축복과 배웅을 받으며 먼 세상으로 나가는 기분이었다.

그 뒤에도 나는 정처 없이 외국을 떠돌았다. 태국의 푸켓에서는 스쿠버다이빙에 빠진 사람들과 함께 바닷속과 '대안 인생'을 탐구하며 3개월을 보냈고 스페인의 까미노 데 산티아고에서는 2개월간 세계 각국에서 온 순례자들과 함께 걸으며 어울렸다. 또 여행인솔자로 세계 각국을 돌기도 하면서 사람들과 어울리는 일에 익숙해졌지만, 그래도 뭔가가 부족했다. 사람들과의 연결만이 아니라 땅, 그리고 더 깊은 무언가와 연결되고 싶은 마음이 커졌다.

20대에 배낭여행길에 나섰을 때 인도의 시골 마을에서 반백의 화가를 만난 적이 있다. 한국 최고의 학교와 미국 뉴욕대를 졸업하고 엘리트 코스를 걷던 그녀가 몇 년간 그곳에서 머무르는 이유가 궁금하다고 했더니, 선문답 같은 대답이 돌아왔다.

"내 안의 미친바람이 잦아들기를 기다려 제대로 된 그림을 그려보고 싶기 때문이지요."

그 말이 가슴에 와서 박혔다. 그때의 내 심정이 바로 그랬다. 내 안의 미친바람이 잦아들 때까지 세상을 떠돌고 싶었다. 그 전에는 그 어떤 것에도 오롯이 나를 쏟을 수 없었다.

나 역시 20대의 대부분을 미친바람처럼 떠돌았다. 그러다가 나이 서른이 되고, 세상 이곳저곳을 떠돌며 모든 곳이 비슷하게 느껴질 무렵, 문득 '이젠 충분하다'라는 생각이 들었다. 더 이상 여행을 다니지 못한다 해도, 더 이상 놀지 못한다고 해도 아쉬울 것이 없을 만큼 충분히 다 불태웠다는 생각이 들었다. 내 안의 미친 바람이 드디어 잦아든 것이었다.

대신 30대에 접어든 지금은 가슴속에 '사무침'이라고 할 만한 단단한 덩어리 같은 것이 느껴진다. 진정으로 사무칠 때 화두를 잡아야 평생 흔들림 없이 정진할 수 있다는데, 산만하게 이곳저곳으로 뻗었던 내 인생의 많은 길들이 사실은 나선형을 그리며 하나의 단단한 화두로 통합되고 있었던 모양이다.

이 화두를 풀기 위해 공부를 다시 시작하기로 결심했고, 여행 직전에 대학원 합격 통보를 받았다. 이를 자축하기 위해 혼자 새로운 땅, 새로운 하늘을 내 속도로 천천히 헤쳐나가는 자전거 여행을 계획했다. 이번 자전거 여행을 통해 익숙한 일상이 끊어진 곳에서만 느낄 수 있는 섬세한 감각과 새로운 생각이 삶을 더 풍요롭게 해준다는 것을, 모든 것이 불편하고 낯설 때 삶에 더 감사하게 된다는 것을 생생히 배울 수 있었다. 제대로 준비도 하지 않고 무모하게 떠난 여행이었지만 많은 사람들의 힘을 빌려 이렇게 무사히 마지막까지 왔다는 생각에 나는 절하고 또 절했다.

2개월간 2,850킬로미터를 나와 함께 달려준 자전거

흐르는 강물은 결국
바다에 이른다

집에 돌아갈 날이 다가왔다. 마지막 관문은 자전거 포장을 하는 것이었지만, 이 또한 쉽게 해결할 수 있었다. 자전거숍을 찾아낼 방법을 고민하다 인터넷을 검색해보니 많은 자전거 여행자 선배들이 몇 곳을 친절하게 추천해놓았다. 왜 여태까지 영어 사이트를 찾아볼 생각을 하지 않았는지.

가장 많은 자전거 여행자들이 추천한 자전거숍에 도착하자 장정 4명이 달려들어 맹렬한 기세로 내 자전거를 해체했다. 나를 싣고 2개월간 2,850킬로미터를 달렸던 애마는 5분 만에 박스 1개로 둔갑했다. 포장이 채 끝나지도 않았는데 수위 아저씨가 미리 불러둔 택시가 왔고, 눈 깜짝할 새 나와 박스는 택시에 실렸다. 공항에

흐르는 메콩강처럼, 우리 삶도 결국은 어느 한 지점을 향해 흘러갈 것이다

서 짐을 부칠 때에는 올 때와는 달리 자전거 운반요금을 물지 않았다. 해외여행인솔자로 출장을 다녀 마일리지가 많이 쌓인 덕이었다. 내 수화물 허용량은 40kg까지였는데, 내가 부친 짐은 39.9kg였다.

모든 것이 놀라울 정도로 간단히 끝났다. 이럴 줄 알았으면 여행하는 순간순간 좀 더 느긋이 즐길 것을……. 왜 항상 어디로 갈지 이모저모 계산하고, 시뮬레이션하며 스스로를 들들 볶았단 말인가. 이상하게도 비행기를 타고 떠날 때까지는 일사천리이지만, 떠난 후는 하루하루 어디로 갈지, 무얼 먹고 어디에서 잘지 등 일상생활에서 사소한 일들로 고민하던 습관들과 다시 싸우게 된다.

이것은 이번 여행뿐만이 아니라 내 인생 전반의 문제이기도 하다. 나는 20대 내내 조금이라도 더 체험하고 배워야 한다는 생각으로 계속 진로를 바꾸며 몸부림쳤다. 30대가 되어 진로는 정했지만, 지금도 일상생활에서는 우유부단하게 모든 것을 비교하고 망설이는 습관이 있다. 방향만 잘 정해서 전진한다면 결국 바다에 이를 것을, 나는 왜 그렇게 조바심을 내고 안달복달하는 것일까. 나를 얽어매는 이 습관적인 집착에서 어떻게 하면 자유로워질 수 있을까.

분명한 것은 나 혼자 여행을 만들어갈 때 조금씩이나마 내 마음의 패턴을 알아차릴 수 있다는 점이다. 전직 스님이자 인도철학 박사이기도 한 선배 자전거 여행자는 내 고민을 듣고 빙그레 웃더니, "수행을 한다는 생각으로 페달을 밟고, 그럴 때마다 나를 바라보고 알아차리고 마음을 챙기는 수밖에 없지요"라고 답해주었다. 여행을 떠나기 직전, 자전거 동호회 환송번개에서 밤늦게 화두처럼 받았던 이 말이, 루트 때문에 고민하는 밤마다 머릿속에 떠올랐다. 나는 페달에 얼마나 내 마음을 실었던가. 내 마음이 만든 굴레에서 얼마나 더 자유로워졌는가.

혼자 묵묵히 달려 메콩 삼각주 속으로 들어가던 날, 문득 어렴풋하게나마 답을 떠올렸던 것을 기억한다. 티베트에서 발원하여 6,000킬로미터의 거리를 흐르는 메콩강은 효율적으로 뭔가를 이루기 위해 계산하지도 고뇌하지도 않는다. 지형 조건에 따라 여기저기 지류로 갈라지기도 하지만, 결국에는 유유히 흘러 메콩 삼각주를 지나 바다와 합쳐진다. 어쩌면 나도 비슷한 과정을 거치지 않았던가. 태국에 도착하여 당장 다음날 어디로 떠날지 몰랐을 뿐더러, 도중에도 어디로 가야 할 지 몰라 갈팡질팡했지만 결국 풍요로운 메콩 삼각주에 이르렀다.

앞으로 살아가다가 작은 고민들 때문에 마음이 흔들릴 때마다, 메콩 삼각주를 따라 페달을 밟던 평온한 기분, 메콩강처럼 막힘없이, 걸림 없이 흐르던 그 때를 떠올릴 것이다. 삶도 결국 한 지점을 향해 흘러갈 것이기 때문이다.

마지막 날 밤, 호치민의 거리 풍경이 무척 여여하고 사랑스러워 골목을 헤집고 돌아다녔다. 사람들이 누워서 수다를 떨거나, 뭔가를 먹고 마시거나, 카드놀이를 하는 것이 행복해 보였다. 더욱 기쁜 것은, 내가 이렇게 별것 아닌 광경도 즐길 수 있는 사람이 되었다는 것이다. 20대의 나는 거대한 의미에만 신경을 쏟고 일상생활은 모두 무시하는 사람이었다. 현실에 땅을 붙이지 못한 떠돌이였다. 그 많은 방황, 그리고 도보 여행과 자전거 여행을 거쳐 한 걸음 한 걸음, 한 순간 한 순간에 충실할 수 있는 사람으로 나아가고 있다는 것을 확인하는 순간, 나는 기뻤다.

**

비행기 창밖으로 해 뜨는 광경을 보면서 인천공항에 도착했다. 창밖에는 눈이 가득 쌓여 있었다. 이제는 날씨를 보다가도 지금 호치민은 날씨가 어떨지, 시하누크빌은 어떨지, 내가 다녀온 곳들을 궁금해하며, 마우스를 1~2번 더 클릭하게 될 것이다. 도서관에서 공부하다가 지겨워지면 베트남의 역사나 캄보디아의 문화 등에 관련된 자료를 뒤져보기도 할 것이다. 여행을 마치면 항상 세계로 향한 새로운 창이 열린다.

**

별로 덥다고 생각하지 않았던 여행의 마지막 날 오후 2시경, 문득 아웃도어용 온도계를 가져온 것이 생각났다. 한 번은 써봐야 보람이 있을 것 같아 자전거를 멈추고 온도를 재었다. 주머니에서 나올 때 34도를 가리켰던 수은주는 점점 올라갔다. 40도에 이르렀을 때, 나는 온도계를 다시 주머니 속으로 집어넣고 말았다. 좀 더 기다렸으면 41도, 혹은 42도까지 올라갔을지도 모른다. 40도가 넘는 뙤약볕 아래에서 온몸과 얼굴을 가리고 자전거를 탔는데, 더워서 힘들다는 생각은 해본 적이 없다. 대신 이번 여행에서 인적이 전혀 없는 메콩 강변, 산속의 비포장도로 등 내면으로 향하는 길을 다양하게 맛보았다.

**

쓸데없는 짐을 10킬로그램 정도 들고 다닌 것이 확실하다. 다음에는 총 중량 12킬로그램 이내로 가볍고 편리하게 짐을 싸서 다닐 수 있을 것 같다. 물리적인 짐보다 더 무거운 것은 고민, 걱정, 염려 같은 정신적인 짐이다. 이것은 물리적인 짐을 늘리는 주범이기도 하다.

**

골치 아팠던 문제들, 대책 없어 보이던 문제들과 한동안 떨어져 있다가 돌아와보니 그냥 어떻게 되겠지, 하는 낙천적인 마음이 생겼다. 탐탁지 않던 사람도 그냥 있는 그대로 볼 수 있었고 심지어 그에게 잘해주고 싶은 마음까지 생겼다. 문제로부터 멀리 떨어져 내면의 면역력을 극대화시키는 정신적 단식은 마음의 자가 치유력을 높여준다.

**

외국인 라이더들이 한국에 대해 물을 때마다, 귀국하면 국내에서 자전거 여행을 하며 다양한 코스를 정립하겠다는 생각을 자주 하곤 했다. 그 과정에서 만날 수 있는 다양한 한국음식, 사람, 도시, 문화재 등의 사진을 찍어서 지도와 함께 동영상으로 만들어 외국인들에게 보여주면 '대한민국 자전거 여행'에 대해 긴 설명을 하지 않아도 그들을 끌어들일 수 있을 것이다. 외국 친구들과 우리나라 방방곡곡을 자전거로 여행한다면 재미있는 티셔츠를 만들어 입고 싶다. 앞쪽에는 "프랑스산 자전거 짐승 이베트는 항상 배가 고파요! 밥 좀 주세요!", 뒤쪽에는 "자전거 여행은 너무 재미있어요! 환경도 살려요! 한번 해보세요!", 이런 문구를 쓰면 어떨까.

**

많은 사람들이 살이 빠졌느냐고 묻는다. 로망을 깨서 미안하지만, 정직한 답은 '아니다'이다. 스페인의 까미노 데 산티아고에서 1,000킬로미터를 걸을 때에는 매일 저녁 와인 1병과 코스 요리를 먹었고, 매일 8시간씩 잘 잔 터라 오히려 살이 1~2킬로그램 정도 불어서 돌아왔는데, 이번에도 마찬가지였다. 잘 먹고 잘 잤을 뿐 아니라 근육량도 늘어났다. 다리는 물론, 무거운 짐과 자전거를 매일 2~3층에 있는 숙소에 올렸다 내렸다 하는 바람에 팔에도 안 보이던 근육이 생겼다. 마사지사들이 운동선수냐고 물은 것도 수차례이다. 베트남의 하이반 패스를 힘들이지 않고 넘었으니, 짐승급 라이더의 반열에도 올랐다고 자위해본다.

**

다른 여행자들이 필수로 달고 오는 긴 핸들바를 준비해가지 않아서 오른팔에 무게가 실려 자주 저렸는데, 집에 돌아와서도 오랫동안 오른손 넷째 손가락이 저렸다. 신경이 영구 손상된 것은 아닌지 걱정했는데 몇 달이 지나니까 괜찮다. 오른쪽 발바닥에도 계속 뻣뻣한 통증이 느껴졌지만 몇 달 후 원상태로 회복되었다. 준비운동, 마무리운동을 하지 않고 반복적인 운동을 해서 그런 것 같다. 준비 없이 무식하게 다녔는데도 어디 한 곳 다친 곳 없이 멀쩡하게 돌아와서 정말 다행이다. 다음부터는 스트레칭을 철저히 하기로 나 자신에게 약속한다.

**

귀국 5일 후 자전거숍에 가서 자전거를 완전히 해체했다. 부품 하나하나를 씻고 정비했다. 브레이크 패드는 여행 전 수평으로 세팅했건만, 어떻게 된 건지 한쪽 끝만 닳아서 새것으로 교체했다. 앞바퀴는 아직도 멀쩡한 반면, 무거운 짐을 실었던 뒷바퀴는 다 닳아서 타이어 무늬가 거의 없어졌다. 항상 고민하던 공기압은 재어보니 25psi도 채 되지 않았다. MTB는 50psi는 최소한 넣고 다녀야 하는데, 이렇게 바람 빠진 타이어에 짐도 잔뜩 싣고 산길을 달렸다니, 정말 힘들었겠다며 동호회 사람들이 혀를 끌끌 찼다. 그날 50psi를 넣고 달리니 평지에서도 시속 30킬로미터는 우습게 달릴 수 있었다. 엄청난 에너지를 낭비한 셈이지만, 나처럼 무식한 왕초보 라이더도 동남아 2,850킬로미터를 달릴 수 있다는 것을 증명했으니 보람 있는 경험이었다고 강변하고 싶다.

**

이 글을 쓰는 동안 나는 인류학과 대학원생의 신분으로 조선시대 공동묘지에서 발굴된 사람의 뼈를 세척하는 아르바이트를 했다. 누구든 죽고 나면 1박스 분량의 뼈를 남긴다. 나는 뼈 1박스로 변하기 전에 누구보다도 이 삶을 풍요롭게 즐기며 놀고, 항상 새롭게 자신을 재창조하고, 만나는 사람들에게도 기쁨과 즐거움을 줄 수 있는 사람이 되고 싶다.

1 **예산** : 2010년 기준, 동남아 4개국 평균 가격임(라오스의 물가가 빠르게 오르고 있다는 것을 염두에 두자).

1) 숙박 : 평균 하루 5~6달러, 2명이 함께 쓰면 1인당 3.5달러 정도(배낭족들이 묵는 저렴한 숙소 기준).

2) 음식 : 쌀국수나 덮밥 1달러, 커피·과일주스·팥빙수 0.5달러, 미네랄워터 1리터 0.3달러. 적게 먹는 사람은 하루 5달러, 많이 먹는 사람은 하루 10달러 정도.

3) 기타비용 : 버스나 썽떼우를 탈 때 자전거 요금은 따로 내야 한다. 티켓을 살때 미리 얘기하면 추가 요금을 안 받는 경우도 있고, 20퍼센트 정도 더 받는 경우도 있지만, 보통은 사람 운임의 50퍼센트 정도 금액을 받는다. 100퍼센트 추가 금액을 요구하는 경우도 있는데 다른 여행사에 가면 깎아주기도 하니 항상 몇 군데 물어보고 결정하자. 미리 말을 하지 않고 그냥 짐을 실어달라고 하면 기사가 돈을 받지 않거나 약간의 돈만 요구하는 운도 따를수 있다. 확실히 티켓 판매소에 내는 것보다는 저렴한 비용이 들지만 짐과 사람이 만원인 경우가 대부분이라 자전거를 싣지 못할 수도 있다. 나는 티켓을 살 때 미리 자전거 운임을 묻고 여행하는 편을 선호했다. 교통비와 유적지 입장료, 인터넷 등의 비용을 합쳐 1개월 100~200달러 정도.

4) 1개월 예산

- 룸메이트가 있고, 음식량이 적은 짠돌짠순 여행자는 1개월 300달러로도 가능하다.

- 저렴한 게스트하우스라도 혼자 사용하고, 현지식당에서 배부르게 먹고, 쉴 때마다 커피와 빙수를 사마시고, 웬만한 유적지는 들어가 보고, 힘든 곳은 버스로 이동하는 나 같은 일반 여행자는 1개월 600달러를 잡으면 된다.

– 깔끔한 숙소와 외국인들이 가는 식당, 술과 담배, 편한 관광을 고집하는 여행자는 1,000달러 이상 예산을 준비해야 할 것이다.

2 정보

1) 《Lonely Planet : Cycling Laos, Cambodia, Vietnam》은 현재 절판된 상태지만, 인터넷 헌책방을 뒤지거나, 동료 여행자들의 도움을 받아 복사하거나, 사진을 찍어 가져가면 전체 루트와 하루의 이동거리를 정하는 데 큰 도움이 된다. 네덜란드 여행자들을 만나면 네덜란드어로 소량 제작된 자세한 가이드북을 빌려보길 권한다.

2) 정치·경제·문화·역사 및 관광지·숙소에 대한 전반적인 정보를 얻을 수 있도록 동남아 전체, 혹은 국가별 가이드북도 필요하다. 노트북을 들고 다니면서 인터넷이 가능한 대도시에서 구글 어스Google Earth로 사전 조사하거나, GPS를 휴대하는 사람들도 가끔 있지만 오지에서 가장 유용한 것은 종이 지도를 들고 다니며 현지인들에게 직접 물어보는 것이다. 현지에서 구입한 지도는 정보가 부실한 편이다. 유럽에서 나온 〈GECKO 시리즈〉는 마을 위치, 도로 상태, 고도 차이 등에 이르기까지 정확하게 기록되어 있으니 구할 수 있으면 구하자.

3 자전거

대부분의 서양인들은 철로 만든 무거운 투어링 바이크를 탄다. 짐받이, 전등, 핸들 등이 여행에 적합하게 되어 있어 편하고 고장이 나거나 부러져도 현지에서 쉽게 용접을 하거나 고칠 수 있기 때문이다. 하지만 국내에서는 구하기 힘들기 때문에 대부분의 한국인들은 MTB XC를 탄다. 자전거는 50~100만원 사이인데, 기능도 괜찮고 분실이나 도난시에도 큰 걱정이 없을 뿐더러 림 브레이크 자전거라 수리가 쉽다는 장점이 있다. 더 비싼 자전거는 대부분 디스크 브레이크라서 고장이 나면 곤란하다.

나는 GHOST SE1200라는 독일제 XC, 하드테일 MTB 자전거를 탔다. 공식 소비자가는 88만원, 무게는 14킬로그램인데 공사 중인 비포장길에서 펑크가 딱 1번 났을 뿐, 그 외 잔고장이 없고 튼튼했다. 라오스 북부에서는 험악한 비포장도로가 많아 XC 자전거를 타는 것이 좋지만, 도로가 곱게 깔린 지역만 다닌다면 가벼운 하이브리드 자전거도 좋다. 전용 트럭에 짐을 싣고 다니면서 좋은 도로만 골라서 타는 자전거 그룹들은 로드바이크나 미니벨로를 타기도 한다.

자전거는 한국에서 싣고 가도 되고, 방콕, 치앙마이, 호치민 등 대도시에서 사는 것도 좋다. 귀국시에는 직접 포장하든지 현지 자전거숍에서 포장하면 된다.

4 액세서리

1) 안장 : 가장 중요한 부위 중 하나. 돈 아끼지 말고 편안하고 좋은 것을 장만하자.
2) 핸들바 : 장기간 탈 때 손과 팔이 저리지 않도록 손의 위치를 계속 바꿀 수 있는 것, 손의 피로도를 줄여줄 수 있는 재질의 것을 장만하여 위치를 섬세하게 조정해야 한다.
3) 자물쇠 : 끈이 길고 몸체와 바퀴, 짐까지 한 번에 묶을 수 있는 튼튼한 유럽산이 제일 좋다. 4관절 락은 튼튼하지만 상대적으로 무겁고 유연하지 않다.
4) 짐받이 : 비싸도 튼튼하고 좋은 걸로 장만하자. 나는 뒤에만 장착해서 뒷가방만 가지고 다녔다.
5) 전조등 : 밤에는 자전거 탈 일이 거의 없으므로 머리에 고정하는 것을 갖고 가면 동굴 탐사, 야간 산책, 야간 독서 같은 것을 할 때 유용하다.
6) 후미등 : 만약을 위해 하나 가져가는 것이 좋다.
7) 속도계, 물통 게이지 : 거의 필수. 있으면 매우 편리하다.

5 가방과 내용물

1) 복대 : 피부라고 생각하고 항상 허리에 매고 있기를 권한다. 돈, 여권, 비행기 표, 메모리스틱, 신용카드는 땀이나 비에 젖으면 안 되므로 짚업 비닐에 싼 뒤 복대에 넣자. 일기, 잘 나온 사진 등 중요한 정보는 모두 메모리스틱에 매일 백업하여 보관하는 것이 좋다. 몸과 떨어져 있는 노트북은 언제라도 분실할 수 있기 때문이다.

2) 핸들바 : 착탈식 카메라 가방은 자전거에서 내릴 때 반드시 갖고 다니자. 볼 펜, 그날 쓸 돈만 든 지갑, 핸드폰, DSLR 카메라, 가이드북, 전조등(전기가 끊어지거나 동굴 탐사를 하는 등 필요할 때가 많다), 지도 등 하루에도 몇 번씩 쓰거나, 비상사태에 쓰는 것들은 따로 수납하자.

3) 자전거 뒷바퀴 배낭 : 자전거 가방 위에 얹을 수도 있고 어깨에 멜 수도 있 어 자전거 없이 트레킹을 가거나 시내 투어를 할 때 쓰기 좋다. 노트북, 폴 라로이드 카메라, 카메라/핸드폰 충전기, 초콜릿 바 등 자주 쓰는 것을 이곳 에 수납하자.

4) 자전거 뒷바퀴 왼쪽 자전거 가방 : 옷, 장갑, 팔 토시, 마스크, 모자, 자물쇠, 펌프, 짚업비닐에 분류하여 담은 공구 등을 수납한다.

– 공구 : 여행기간과 장소를 정한 뒤 선배들의 조언을 참고하여 본인이 수리할 수 있는 만큼만 가져가자. 5,000킬로미터 이내라면 큰 고장은 잘 나지도 않 고, 생긴다 하더라도 버스에 자전거를 싣고 대도시로 가는 편이 더 낫다.
★다시 2~3개월 메콩강 자전거 여행에 나선다면 다음과 같이 챙겨 가겠다. 짚업비닐1–튜브2/짚업비닐2–케이블타이6, 변속케이블1, 브레이크케이블1, 마감캡4/짚업비닐3–펑크 패치24, 본드1, 사포1, 펑크주걱2/짚업비닐4–휴 대용공구세트1(렌치 6개 사이즈+드라이버 3종+체인커터), 체인링크2, 체인 2~3마디/짚업비닐5–체인오일1, 수리용 장갑2, 작은 걸레.

– 옷은 가볍고 잘 마르는 스포츠웨어로 챙겨가는 것이 좋다.
★내가 다시 간다면 다음과 같이 챙겨 가겠다.

방풍방수 재킷1, 긴 쫄바지1, 얇은 스포츠 점퍼1, 스포츠 반팔 셔츠3(색깔이 변하도록 매일 빨아 입었다), 반바지2(쫄바지 위에 항상 입고, 도착 후엔 쫄바지를 벗고 입었다), 긴바지1, 싸롱(두르면 치마, 펴면 이불도 되는 다용도 천)1, 속옷 상의2, 속옷 하의3, 양말2.

5) 자전거 뒷바퀴 오른쪽 자전거 가방: 스페어 타이어, 세면도구 주머니(샴푸, 린스, 비누, 폼클렌징, 치약, 칫솔, 치실, 때수건, 머리띠), 화장품 주머니(토너, 에센스, 로션, 크림, 선블록, 반짇고리, 손톱깎이, 챕스틱, 빗), 약 주머니(밴드, 맨소래담, 지사제, 피부 연고, 면봉), 스포츠타올, 스페어 안경/선글라스, 귀마개(시끄러운 숙소에서 잘 때 유용하다), 안경에 탈부착하는 선글라스 렌즈.

자전거 여행자는 어디든지 갈 수 있다. 도로가 있는 곳은 물론 비포장길도 갈 수 있다. 하지만 웬만하면 도로 사정이 괜찮은 곳, 경치가 좋은 곳, 적당한 거리마다 볼거리가 나오는 곳, 동료 여행자들을 만나 정보를 교환하고 친구도 사귈 수 있는 곳, 잘 곳과 먹을 곳이 있는 곳을 잘 조합하여 다니는 것이 좋다. 《론리 플래닛 사이클링 북》과 현지에서 만난 여행자들의 경험담, 내 경험을 바탕으로 쾌적한 루트만 추천한다. 각 루트의 시작과 끝은 일반 가이드북을 보고 버스나 기차 등으로 알아서 연결하여 이동하면 된다. 관광지에서는 수많은 여행사에서 다른 관광지나 대도시로 이동하는 버스 티켓을 팔고 있으며, 시골에서는 주위 대도시로 가는 합승 트럭이나 버스를 손만 들면 세울 수 있다. 아래에 소개한 장소는 하루하루 끊어서 달릴 만한 거리에 있으며, 게스트하우스와 식당이 있는 곳이다. 몸이 힘들거나 해결할 일이 있거나 좋은 동행을 만난다면 언제 어디서나 며칠씩 쉬어 가도 된다. 텐트에서 야영할 사람은 그야말로 어디를 어떻게 가도 상관없을 것이다.

1 태국 북부+라오스 북부 산짐승 루트 : 산을 좋아하는 짐승급 라이더, 야영을 좋아하는 야생 라이더들에게 특히 추천한다. 약간 힘들지만 ①은 고산족 마을, 오래된 성, 기암괴석 산 등을 보며 즐기기에 좋은 곳이다. 태국 – 라오스 국경을 넘기에도 좋다. ②는 험난하고 힘들어 외국인을 보기 힘든 루트이다. 짧은 구간 이동하여 관광지만 보고 장거리는 버스로 이동해도 좋다.

① 치앙마이Chiang Mai(관광지) ⋯▶ 칭다오Ching Dao ⋯▶ 따똔Ta Ton ⋯▶ 치앙센 Chiang Saen(관광지) ⋯▶ 태국 치앙콩 – 라오스 훼이싸이 국경을 나룻배로 건넘 ⋯▶ 훼이싸이Huay Xay ⋯▶ 슬로 보트 타고 이동 ⋯▶ 빡벵Pak Beng ⋯▶ 무앙 혼Muang Houn ⋯▶ 우돔싸이Udom Xai ⋯▶ 빡몽Pak Mong ⋯▶ 무앙응오이Muang

Ngoi(관광지) ···▶ 비엥싸이Vieng Xai(관광지) ···▶ 남노엔Nam Noen ···▶ 무앙캄 Muang Kham ···▶ 폰사완Phonsavan(관광지)

② 무앙응오이Muang Ngoi ···▶ 비엥캄Vieng Kham ···▶ 비엥텅Vieng Thong ···▶ 쌈느아Sam Neua ···▶ 비엥싸이Vieng Xai(관광지) ···▶ 남노엔Nam Noen ···▶ 무앙캄 Muang Kham ···▶ 폰사완Phonsavan(관광지)

- 빡몽Pak Mong ···▶ 훼이캉Huay Kang ···▶ 루앙프라방Luang Prabang(관광지)으로 올 수도 있다.

- 우돔싸이Udom Xai ···▶ 무앙쿠아Muang Khua ···▶ 라오스 - 베트남 국경 ···▶ 디엔비엔푸Dien Bien Phu를 거쳐 베트남 서북부 코스로 합류할 수도 있고, 비엥싸이Vieng Xai ···▶ 나메오Na Meo ···▶ 라오스 - 베트남 국경 ···▶ 마이쩌우Mai Chau를 거쳐 베트남 서북부 코스로 합류할 수도 있다. 험하고 인적 드문 길이니 텐트를 가진 산짐승들만 도전하는 것이 좋겠다.

2 라오스 북부 : 라오스의 다양한 매력을 맛볼 수 있는 루트. 특히 무앙푸쿤 ···▶ 카시는 교통량이 거의 없고 경치가 좋은 신나는 내리막길 구간이다. 루앙프라방 ···▶ 무앙푸쿤은 힘든 오르막길이므로 버스로 이동해도 된다.

루앙프라방Luang Prabang ···▶ 키우카참Kiew Ka Cham ···▶ 무앙푸쿤Muang Phu Khun ···▶ 카시Kasi ···▶ 방비엥Vang Vieng(관광지) ···▶ 나남Na Nam ···▶ 비엔티안 Vientiane(관광지)

3 라오스 남부 볼라벤 고원 : 도로도 좋고, 경사도도 적합하고, 커피 말리는 마을, 대장간 마을, 폭포 등 다양한 풍경과 카투족, 알락족 마을도 볼 수 있는 즐거운 루트다. 탓로는 저렴한 방갈로가 많아 자연을 좋아하는 사람이라면 장기체류해도 좋다.

빡세Pakse ···▶ 빡송Paksong ···▶ 탓로Tad Lo ···▶ 빡세Pakse

4 라오스 남부 : 남부의 관광지들을 이어놓은 평평하고 쾌적한 도로. 가는 도로도 좋고 관광하기에도 좋다. 메콩강이 4,000개의 섬을 만들며 갈라지는 씨판돈에서는 카야킹, 돌고래 투어 등 다양한 활동을 할 수 있고, 돈뎃은 방갈로 바로 앞 발코니에서 해먹에 누워 쉬면서 장기체류하기 좋다.

빡세Pakse ⋯ 짬빠싹Champasak(UNSESCO 세계문화유산) ⋯ 돈콩Don Khong(씨판돈에서 가장 크고 시설이 좋은 섬) ⋯ 돈뎃Don Det(두 번째로 크고 숙소가 저렴한 섬)

5 캄보디아 북부 : 캄보디아 정부에서 최근 정비한 메콩강 지역 역사문화탐방로가 있다. 평평한 길이라 라이딩은 쉽지만 아직은 숙박 시설이 충분하지 않아 정부 관광사무소를 통해 예약하는 것이 좋다.

돈뎃 ⋯ 라오스 – 캄보디아 국경 ⋯ 스퉁트렝Stung Treng ⋯ 끄라쩨Kratie

6 베트남전 흔적(라오스 중남부–베트남 중부) : 베트남전에 관심 있는 사람들이 가는 호치민 트레일 루트. 경치나 마을이 볼 만하지는 않지만 국경을 넘기 위해 가는 곳이다.

사완나켓Savannakhet ⋯ 동헨Dong Hene ⋯ 무앙핀Muang Phin ⋯ 세폰Sepon ⋯ 라오스 – 베트남 국경 ⋯ 후앙호아Huong Hoa ⋯ 동하Dong Ha ⋯ 훼Hue(UNESCO 세계문화유산)

7 베트남 해안선 일주 : UNESCO 세계문화유산인 역사 유적지를 여럿 지나는 곳으로 볼거리가 많고 기나긴 베트남의 다양한 자연풍경을 즐길 수 있다. 남–북 베트남을 가르고 기후대를 가르는 하이반 패스도 지나고, 고대 참파 유적지인 미선도 지난다.

훼Hue(UNESCO 세계문화유산) ⋯ 랑꼬Lang Co ⋯ 다낭Danang ⋯ 호이안Hoi An(UNESCO 세계문화유산) ⋯ 미선My Son(UNESCO 세계문화유산) ⋯ 광응가이

Quang Ngai ┉▸ 사현Sa Hyunh ┉▸ 퀴논Qui Nhon ┉▸ 투이호아Tuy Hoa ┉▸ 냐짱 Nha Trang(관광지) ┉▸ 바응고이Ba Ngoi ┉▸ 판랑Phan Rang ┉▸ 카나Ca Na ┉▸ 판티엣Phan Thiet ┉▸ 무이네Mui Ne

8 베트남 중부 고원 : 커피와 차가 생산되어 무역로에 나서기까지의 과정을 볼 수 있는 아름다운 곳이다.
　바오록Bao Loc ┉▸ 둑쫑Duc Trong ┉▸ 달랏Dalat(관광지) ┉▸ 판랑Phan Rang
─ 달랏Dalat ┉▸ 둑쫑Duc Trong ┉▸ 준Jun ┉▸ 부온마투옷Buon Ma Thuot ┉▸ 반돈 Ban Don을 이어 계속 험준한 고원을 탐험할 수 있다.

9 베트남 메콩 삼각주 : 호치민Ho Chi Minh ┉▸ 미토Mytho ┉▸ 껀터Cantho ┉▸ 롱수옌Long Xuyen ┉▸ 쩌우독Chau Doc
─ 쩌우독Chau Doc에서 국경을 넘어 바로 캄보디아 남부 루트인 따께우로 갈 수 있다. 비자는 국경에서 즉시 구입 가능하다.

10 캄보디아 남부 : 아름다운 해안선, 한적한 시골 길을 골고루 볼 수 있는 쉬운 루트. 따께우 ─ 깜뽓은 공사 중인 도로를 피해 새 도로를 타고 갈 것. 깜뽓에서 이틀 일정으로 보코르Bokor 국립공원을 탐험하고 돌아올 수도 있다. 힘들지만 아름답고 유서 깊은 곳이다.
　프놈펜Phnom Penh(관광지) ┉▸ 따께우Takeo ┉▸ 깜뽓Kampot ┉▸ 껩Kep ┉▸ 깜뽓 Kampot ┉▸ 보코르Bokor ┉▸ 시하누크빌Sihanoukville(관광지)

11 베트남 북서부 : 힘든 고산 지대이다. 비포장길도 많지만 다양한 고산족 문화와 장엄한 경관을 보며 모험가의 기분을 만끽할 수 있다.
　호아빈Hoa Binh ┉▸ 마이쩌우Mai Chau ┉▸ 목쩌우Moc Chau ┉▸ 옌쩌우Yen Chau ┉▸ 손라Son La ┉▸ 투안지아오Tuan Giao ┉▸ 디엔비엔푸Dien Bien Phu ┉▸

라이쩌우Lai Chau ⋯▸ 땀두옹Tam Duong ⋯▸ 사파Sapa ⋯▸ 라오꺼이Lao Cai(중국으로 건너갈 수 있는 국경)

12 프놈펜 – 호치민 : 메콩강을 따라가는 시골 도로(비포장도로 포함) 주변이다. 소박한 마을과 정신없을 정도로 환대하는 캄보디아 시골 사람들을 만날 수 있으며, 베트남의 토착종교인 까오다이교의 본산에서 예배를 볼 수 있다.
프놈펜Phnom Penh ⋯▸ 꼼뽕짬Kompong Cham ⋯▸ 스바이리엥Svay Rieng ⋯▸ 프레이벵Prey Beng ⋯▸ 캄보디아 – 베트남 국경 ⋯▸ 롱호아Long Hoa ⋯▸ 호치민Ho Chi Minh

★한국인은 태국의 경우 90일 무비자, 베트남의 경우는 15일 무비자로 여행할 수 있다. 라오스는 15일까지는 무비자이며, 30일 비자가 필요하면 국경에서 25달러에 살 수 있다. 캄보디아에 들어가려면 국경에서 30일 비자(25달러)를 사야 한다.
★2010년 1월 당시 환율: 1USD=8,470K(라오스 낍)=32.5B(태국 바트)=18,500D(베트남 동)= 4,170R(캄보디아 리엘)=1,168원
★어린이들, 특히 시골에서 흔히 만나는 고산족 어린이들에게 개인적으로 돈이나 물건을 주는 것을 삼가하자. 어린이들이 학교에는 가지 않고 관광객들에게 구걸할 수도 있으며 사탕이나 과자 때문에 치아가 썩을 수도 있다. 꼭 돕고 싶다면, 그 지역의 발전을 위해 체계적인 프로그램을 운영하는 NGO나 학교에 돈이나 학용품을 기부하자.

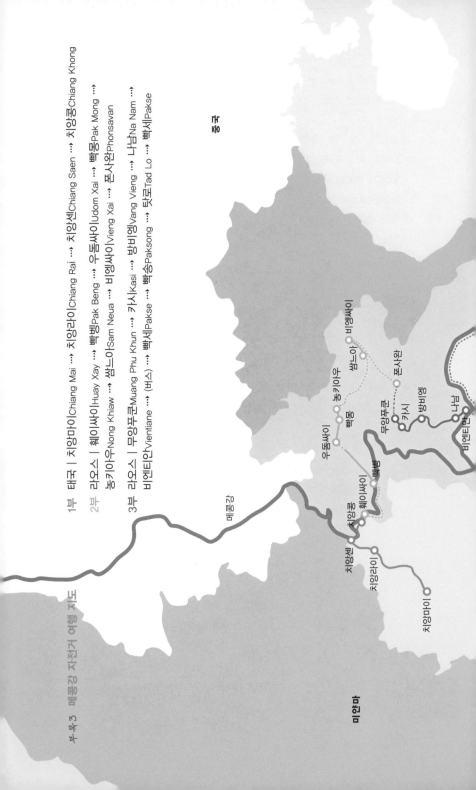

부록3 메콩강 자전거 여행 지도

1부 태국 | 치앙마이Chiang Mai ⋯ 치앙라이Chiang Rai ⋯ 치앙센Chiang Saen ⋯ 치앙콩Chiang Khong

2부 라오스 | 훼이싸이Huay Xay ⋯ 빡뱅Pak Beng ⋯ 우돔싸이Udom Xai ⋯ 빡몽Pak Mong ⋯
    농키아우Nong Khiaw ⋯ 쌈느아Sam Neua ⋯ 비엥싸이Vieng Xai ⋯ 폰사완Phonsavan

3부 라오스 | 무앙푸쿤Muang Phu Khun ⋯ 방비엥Vang Vieng ⋯ 까시Kasi ⋯ 방비엥Vang Vieng ⋯ 나남Na Nam ⋯
    비엔티안Vientiane ⋯ (버스) ⋯ 빡세Pakse ⋯ 빡송Paksong ⋯ 탓로Tad Lo ⋯ 빡세Pakse

중국

미얀마

메콩강

우돔싸이
동카이우
빡몽
비엥싸이
쌈
폰사완
무앙푸쿤
까시
방비엥
나남
치앙콩
훼이싸이
빡뱅
비엔티안
치앙센
치앙라이
치앙마이

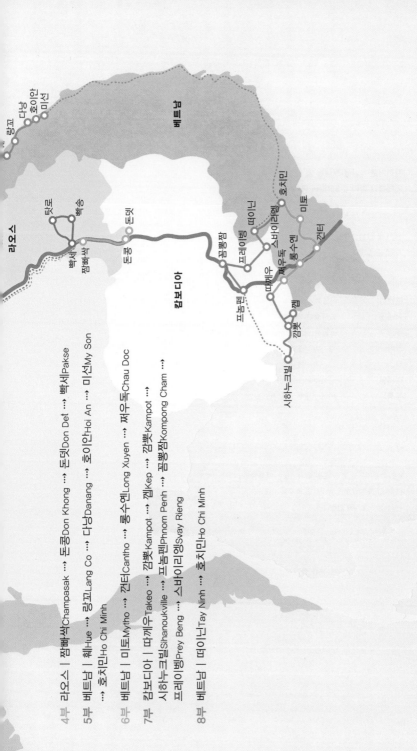

라오스

베트남

캄보디아

랑꼬
후이안
미선

랑꼬
다낭

탓로
빡송

빡세
짬빠싹

돈뎃
돈콩

미선

호치민

프레이벵
스바이리엥
까이닌
미토
깐터
롱수엔

꼼뽕짬

시하누크빌

껨
깜뽓

따께우
쩌우독

프놈펜

4부 라오스 | 짬빠싹Champasak ➠ 돈콩Don Khong ➠ 돈뎃Don Det ➠ 빡세Pakse
   ➠ 호치민Ho Chi Minh

5부 베트남 | 훼Hue ➠ 랑꼬Lang Co ➠ 다낭Danang ➠ 호이안Hoi An ➠ 미선My Son

6부 베트남 | 미토Mytho ➠ 깐터Cantho ➠ 롱수엔Long Xuyen ➠ 쩌우독Chau Doc

7부 캄보디아 | 따께우Takeo ➠ 깜뽓Kampot ➠ 껩Kep ➠ 깜뽓Kampot ➠
   시하누크빌Sihanoukville ➠ 프놈펜Phnom Penh ➠ 꼼뽕짬Kompong Cham ➠
   프레이벵Prey Beng ➠ 스바이리엥Svay Rieng

8부 베트남 | 따이닌Tay Ninh ➠ 호치민Ho Chi Minh

★ 실선은 자전거로 이동한 구간이며, 점선은 보트나 버스로 이동한 구간입니다.

자전거로 세상을 건너는 법

- 메콩강 따라 2,850km 여자 혼자 떠난 자전거 여행

1판1쇄 발행   2011년 4월 30일
1판2쇄 발행   2012년 10월 2일

지은이   이민영
펴낸이   이영희
펴낸곳   도서출판 이랑
주소   서울시 마포구 서교동 351-10 동보빌딩 201호
전화   02-326-5535
팩스   02-326-5536
이메일   yirang@hanmail.net
등록   2009년 8월 4일 제313-2010-354호

ISBN 978-89-965371-1-3 03980

이 도서의 국립중앙도서관 출판시도서목록(CIP)은 e-CIP 홈페이지
(http://www.nl.go.kr/cip.php)에서 이용하실 수 있습니다.(CIP제어번호:CIP2011001618)